Noreddine Aggoun Baeyens

Etude topologique de l'ATPase gastrique

Noreddine Aggoun Baeyens

Etude topologique de l'ATPase gastrique

Analyse de la topologie membranaire des principaux intermédiaires catalytiques de la H+,K+-ATPase gastrique

Presses Académiques Francophones

Impressum / Mentions légales
Bibliografische Information der Deutschen Nationalbibliothek: Die Deutsche Nationalbibliothek verzeichnet diese Publikation in der Deutschen Nationalbibliografie; detaillierte bibliografische Daten sind im Internet über http://dnb.d-nb.de abrufbar.
Alle in diesem Buch genannten Marken und Produktnamen unterliegen warenzeichen-, marken- oder patentrechtlichem Schutz bzw. sind Warenzeichen oder eingetragene Warenzeichen der jeweiligen Inhaber. Die Wiedergabe von Marken, Produktnamen, Gebrauchsnamen, Handelsnamen, Warenbezeichnungen u.s.w. in diesem Werk berechtigt auch ohne besondere Kennzeichnung nicht zu der Annahme, dass solche Namen im Sinne der Warenzeichen- und Markenschutzgesetzgebung als frei zu betrachten wären und daher von jedermann benutzt werden dürften.

Information bibliographique publiée par la Deutsche Nationalbibliothek: La Deutsche Nationalbibliothek inscrit cette publication à la Deutsche Nationalbibliografie; des données bibliographiques détaillées sont disponibles sur internet à l'adresse http://dnb.d-nb.de.
Toutes marques et noms de produits mentionnés dans ce livre demeurent sous la protection des marques, des marques déposées et des brevets, et sont des marques ou des marques déposées de leurs détenteurs respectifs. L'utilisation des marques, noms de produits, noms communs, noms commerciaux, descriptions de produits, etc, même sans qu'ils soient mentionnés de façon particulière dans ce livre ne signifie en aucune façon que ces noms peuvent être utilisés sans restriction à l'égard de la législation pour la protection des marques et des marques déposées et pourraient donc être utilisés par quiconque.

Coverbild / Photo de couverture: www.ingimage.com

Verlag / Editeur:
Presses Académiques Francophones
ist ein Imprint der / est une marque déposée de
OmniScriptum GmbH & Co. KG
Heinrich-Böcking-Str. 6-8, 66121 Saarbrücken, Deutschland / Allemagne
Email: info@presses-academiques.com

Herstellung: siehe letzte Seite /
Impression: voir la dernière page
ISBN: 978-3-8381-4717-8

Zugl. / Agréé par: Bruxelles, Université Libre de Bruxelles, 2004

Copyright / Droit d'auteur © 2014 OmniScriptum GmbH & Co. KG
Alle Rechte vorbehalten. / Tous droits réservés. Saarbrücken 2014

| I | Introduction : | 1 |

I.1 LES ATPASES: 1
I.2 LES P-ATPASES (OU E_1-E_2 ATPASES) : 2
    I.2.1 Introduction : 2
    I.2.2 Cycle catalytique : 4
    I.2.3 Topologie : 6
I.3 LA H^+,K^+-ATPASE : 6
    I.3.1 Rôle physiologique : 6
    I.3.2 Cycle catalytique de l'H^+,K^+-ATPase : 7
    I.3.3 Structure et Topologie de la H^+,K^+-ATPase : 8
        I.3.3.1 Introduction : 8
        I.3.3.2 La sous-unité alpha : 9
        I.3.3.3 Topologie membranaire : 9
        I.3.3.4 La sous-unité bêta : 10
        I.3.3.5 Site de fixation du H^+ : 10
        I.3.3.6 Site de fixation luminal du K^+ : 11
        I.3.3.7 Segments trans-membranaires M5 et M6 : 11
I.4 LA Ca^{++}-ATPASE : 12
    I.4.1.1 Introduction : 12
    I.4.1.2 Topologie membranaire: 12
        I.4.1.2.1 Zone membranaire N-Terminale : 13
        I.4.1.2.2 Boucle Cytoplasmique : 13
        I.4.1.2.3 Zone membranaire C-Terminal : 14
        I.4.1.2.4 Zone de fixation du Ca^{++} : (E_1 uniquement) 14
I.5 CONCLUSION : 15

II Objectif et stratégie : 16

III Résultats et discussions : 18

III.1 TOPOLOGIE MEMBRANAIRE DES PRINCIPAUX INTERMÉDIAIRES CATALYTIQUES DE LA H^+,K^+-ATPASE. 18
    III.1.1 Introduction : 18
    III.1.2 Isolement des parties protéiques associées à la membrane : 19
    III.1.3 Cinétique de protéolyse : 19
    III.1.4 Trypsinolyse de la conformation principale E_1 : 20
    III.1.5 Trypsinolyse de la conformation principale E_2-K : 20
    III.1.6 Trypsinolyse de la conformation intermédiaire E_2-VO_4^{3-} : 21
    III.1.7 Trypsinolyse des conformations intermédiaires: 22
III.2 PRÉDICTION DES DOMAINES TRANS-MEMBRANAIRES ET ALGORITHMIQUES : 23
    III.2.1 Introduction : 23
    III.2.2 Profil d'hydrophobicité : 23
        III.2.2.1 Introduction théorique : 23
        III.2.2.2 Choix des paramètres d'analyse d'hydrophobicité : 25
            III.2.2.2.1 Choix du type d'index : 26
            III.2.2.2.2 Choix du type de pondération et de la taille de la fenêtre : 26
            III.2.2.2.3 Choix de la limite de pondération : 27
        III.2.2.3 Profil d'hydrophobicité optimisé obtenu pour la Ca^{++}-ATPase : 27
        III.2.2.4 Profil d'hydrophobicité optimisé obtenu sur la H^+,K^+-ATPase : 27
    III.2.3 Prédiction des segments trans-membranaires par algorithmie: 27
        III.2.3.1 Introduction théorique : 27

III.2.3.2 Prédiction des segments trans-membranaires de la Ca^{++}-ATPase : 28
III.2.3.3 Prédiction des segments trans-membranaires de la H^+,K^+-ATPase : 29
III.2.4 Modélisation topologique bidimensionnelle d'insertion membranaire : 29
III.2.4.1 Validation du modèle topologique pour la H^+,K^+-ATPase : 29
III.2.4.1.1 Introduction : 29
III.2.4.1.2 Repositionnement des peptides générés lors des protéolyses sur le modèle d'insertion membranaire : 30
III.2.4.2 Validation expérimentale du potentiel d'insertion membranaire des peptides identifiés après protéolyse: 32
III.2.4.2.1 Purification de segments trans-membranaires par R.P-H.P.L.C : 32
III.2.4.2.2 Mesure spectroscopique « ATR-IR » du peptide représentant les segments trans-membranaire M5-M6 : 35
III.2.5 Discussion topologique et modifications d'accessibilité : 38
III.2.5.1 Région N-terminal de la sous-unité Alpha : 39
III.2.5.2 Région comprenant M3 et M4 : 40
III.2.5.3 Région de la large boucle cytoplasmique : 40
III.2.5.4 Région des segments trans-membranaires M5 et M6 : 41
III.2.5.5 Région des segments trans-membranaires M7 et M8 : 42
III.2.6 Conclusions relatives à l'étude topologique membranaire : 42
III.3 MODELISATION TRI-DIMENSIONNELLE DE LA SOUS-UNITE ALPHA DE LA H^+,K^+-ATPASE : 44
III.3.1 Introduction : 44
III.3.2 Procédure de modélisation : 45
III.3.2.1 Choix de la structure de référence (recherche de similitudes séquentielles): 45
III.3.2.2 Détermination de la validité de l'alignement: 45
III.3.2.3 Modélisation de la sous-unité alpha de la H^+,K^+-ATPase : 48
III.3.2.4 Etape de Raffinement (minimisation d'énergie): 49
III.3.3 Validation physico-chimique des modèles générés pour la H^+,K^+-ATPase : .. 49
III.3.3.1 Validation théorique du modèle représentant la conformation E_1 : 51
III.3.3.2 Validation théorique du modèle représentant la conformation E_2 : 52
III.3.4 Validations biochimiques des modèles représentant la sous-unité alpha de la H^+,K^+-ATPase : 53
III.3.4.1 Topologie : 53
III.3.4.2 Site de clivages protéolytiques : 53
III.3.4.2.1 Trypsinolyses antérieures effectuées sur la H^+,K^+-ATPase : 54
III.3.4.2.2 Interprétations structurales et conclusions inhérentes : 56
III.3.4.3 Prédiction de localisation des résidus Cystéines : 58
III.3.5 Conclusion des validations physico-chimique et biochimique : 58
III.4 ANALYSE DES STRUCTURES MODELISEES ET IMPLICATIONS MOLECULAIRES : 59
III.4.1 Site de fixation ionique membranaire : 60
III.4.2 Procédure d'identification des sites de fixations ioniques (« C.B.V.S. ») : 61
III.4.2.1 Introduction théorique à la procédure « C.B.V.S. » : 61
III.4.2.2 Détermination des potentiels sites de fixations membranaires présents sur la sous-unité alpha de la H^+,K^+-ATPase : 61
III.4.2.2.1 Sites de fixations potassiques (Conformation E_2-K^+) : 61
III.4.2.2.2 Sites de fixations des protons (H_3O^+) (Conformation E_1) : 63
III.4.2.3 Cohésion membranaire E_1 (H_3O^+) Versus E_2 (K^+) : 64

IV Discussion finale: 66

IV.1 CONCLUSIONS GENERALES ET PERSPECTIVES: 67
V Matériels et méthodes : 69
V.1 PRÉPARATION DES TUBULOVÉSICULES À PARTIR D'ESTOMAC DE PORCS (D'APRÈS SOUMARMON ET AL.,1980).......... 69
   V.1.1 Isolement des tubulovésicules : 69
   V.1.2 Purification des tubulovésicules sur gradient de saccharose : 69
   V.1.3 Collection des fractions : 69
   V.1.4 Solutions utilisées : 69
V.2 DOSAGE DE L'ACTIVITÉ ATPASIQUE DE LA H^+,K^+-ATPASE : 70
   V.2.1 Solution utilisée : 70
V.3 DOSAGE DES PHOSPHOLIPIDES : 70
   V.3.1 Mode opératoire: 71
V.4 DOSAGE COLORIMÉTRIQUE DES PROTÉINES : 71
   V.4.1 Mode opératoire: 71
V.5 GEL D'ÉLECTROPHORÈSE TRIS-TRICINE (SELON SCHÄGGER ET VON JAGOW, 1987): 71
V.6 PROTÉOLYSE : 72
V.7 PROCÉDURE DE MARQUAGE AU P.C.M ({7-DIÉTHYLAMINE-3-(4-MALÉIMIDYLPHÉNYL)-4-MÉTHYLCOUMARINE}) : 73
V.8 PROCÉDURE DE PURIFICATION PAR R.P-H.P.L.C : 74
V.9 RECONSTITUTION DES PEPTIDES MEMBRANAIRES AU SEIN DE VÉSICULES D'ASOLECTINE : 76
V.10 GRADIENT DE SACCHAROSE : 77
V.11 SPECTROSCOPIE INFRAROUGE PAR TRANSFORMÉE DE FOURIER EN MODE DE RÉFLEXION TOTALEMENT ATTÉNUÉE : («ATR-IR ») 78
V.12 MODÉLISATION 3D SOUS L'INTERFACE DEEP-VIEW 3.7 : 79
   V.12.1 Recherche de la structure de référence : 79
   V.12.2 Alignement séquentiel : 79
   V.12.3 Procédure de modélisation : 80
V.13 PROCÉDURE DE DÉTERMINATION DES SITES DE FIXATIONS IONIQUES : « LIEN DE VALENCE » ET « C.B.V.S »: 80
   V.13.1 Calcul du lien de valence d'après Nayal et Di Cera (1996): 80
      V.13.1.1 Procédure « C.B.V.S » d'après Müller et al. (2003) : 80
      V.13.1.2 Mode opératoire : 81
         V.13.1.2.1 Ajout de molécules d'eau aux structures modélisées : 81
      V.13.1.3 Calcul des distances de liaison des sites de fixations ioniques : 81
V.14 MODES OPÉRATOIRES DIVERS: 82
   V.14.1 Coloration au nitrate d'argent : 82
VI Références : 83

Abréviation :

ADP :	adenosine 5'-diphosphate
ATP :	adenosine 5'-triphosphate
ATPase :	adenosine 5'-triphosphate hydrolase
ATR-IR :	spectroscopie infrarouge en réflexion totale atténuée (Attenuated Total Reflection – Fourier Transfrom InfraRed spectroscopy)
BSA :	albumine de sérum bovin (Bovine Serum Albumine)
CD :	dichroïsme circulaire
C.B.V.S :	somme des liens de valence du Calcium (Calcium Bond Valence Sum)
C.S.U :	programme d'analyse de contact intramoléculaire (Contact Structure Unit)
D_2O :	oxyde de deutérium
D.D.M :	dodecyl maltoside
D.O :	densité optique
DSC :	calorimétrie différentielle
EGTA :	éthylène glycol-bis (b-amino ethyl éther)
FITC :	isothiocyanate de flourescéine
FTIR :	spectroscopie infrarouge à transformée de Fourier (Fourier Trnasform InfraRed spectrocopy)
Hepes :	acide (N-{2-hydroxyéthyl}piperazine-n'-{2-éthane sulfonique})
H.P.L.C :	chromatographie liquide à haute performance (High Performance Liquid Chromatography)
KDa :	kiloDalton
L.C.P :	programme d'analyse de contacts entre une protéine et son liguand (Liguand Protein Contact)
MCT :	détecteur au tellure de Mercure et Cadmium (Mercure Cadmium Tellure)
M.D.P.Q :	1-(2-méthylphényl)-4-méthylamino-6-méthyl-2,3-dihydropyrrolo{3,2-c} quinoline
P.C.M :	{7-diéthylamine-3-(4-maléimidylphényl)-4-méthylcoumarine)
Pi :	phosphate inorganique
O.G.P :	n-octyl glucopyranoside
RMN :	Résonance Magnétique Nucléaire
R.P :	Reverse Phase
RX :	rayon X
SCH28080 :	inhibiteur spécifique de la H^+,K^+-ATPase gastrique synthétisé par la société Schering-Plough S.A
S.D.S :	sodium dodecylsulfate
SDS-PAGE :	sodium dodecylsulfate polyacrilamide gel electrophoresis
S-Hepes :	solution 50mM Hepes-tris pH 7.2 + 1mM EGTA + 8% (w/v) saccharose
Tris :	acide 2 amino-2-(hydroxymethyl)-1,3-propanediol
Tricine :	N-{2-hydroxy-1,1-bis(hydroxymethyl)ethyl}-glycine
U.V. :	ultraviolet

I Introduction :

Les systèmes biochimiques, issus du vivant, se doivent d'interagir avec leur environnement afin de pouvoir subsister et se développer. Ces interactions passent par de nombreuses molécules et réactions biochimiques. Celles-ci permettent l'accomplissement des différentes tâches nécessaires à la survie et à la reproduction de système biochimique. Ces différents mécanismes biochimiques demandent bien entendu une source d'énergie afin de permettre leur réalisation. Certains d'entre eux, énergiquement favorables, puisent l'énergie nécessaire à leur accomplissement au sein même de leur processus. D'autres, énergiquement défavorables, se doivent d'utiliser une source d'énergie externe afin de permettre l'accomplissement de leur processus. Dans ce cas là, l'énergie nécessaire à la réalisation de nombreuses réactions biochimiques est stockée sous forme d'ATP (Adénosine TriPhosphate). Cette énergie chimique est générée par des ATPases appelées ATPsynthétases lors de la réaction de phosporylation oxydative ou lors de la photosynthèse. Ces enzymes sont de type membranaire et utilisent le gradient ionique présent afin de synthétiser l'ATP. Elles convertissent l'énergie présente dans le gradient ionique en énergie chimique stockable et transportable.

L'énergie stockée dans l'ATP est ensuite utilisée par d'autres ATPases appelées ATPhydrolases. Ces ATPases utilisent cette énergie chimique afin de générer d'autres gradients ioniques. Ceux-ci seront utilisés ensuite par d'autres protéines dans, par exemple, des phénomènes de transport actif. Ces gradients ne sont pas uniquement impliqués dans des mécanismes de transport. On peut également les retrouver dans des phénomènes de propagation de signaux via des neurotransmetteurs (Scarborough,1982).

Bien qu'à l'heure actuelle la compréhension macroscopique du couplage transport/hydrolyse de l'ATP dans ce phénomène ne pose aucun problème. Il n'en va pas de même de la compréhension au niveau moléculaire. Dans ce domaine le manque de résultats obtenus à une résolution suffisante pose problème à l'heure actuelle. Il est évident que la compréhension globale de ce mécanisme ne pourra se faire qu'à partir d'une description moléculaire des différentes structures impliquées dans ces transports.

I.1 Les ATPases:

Ce groupe d'enzymes utilise l'énergie générée par le gradient de protons lors de la réaction de phosphorylation oxydative pour synthétiser l'ATP (ATPsynthétase), ou au contraire, utilise l'ATP pour transporter certains ions aux travers de la membrane (ATPhydrolase). Certaines d'entre elles peuvent effectuer les deux tâches.

On peut subdiviser ce groupe en quatre classes principales :

- Les F_1-F_o ATPases (ou F-ATPases) : elles se retrouvent généralement associées à la membrane des mitochondries, des chloroplastes, et à la membrane plasmique de la plupart des bactéries. Elles possèdent la structure la plus complexe de ce groupe d'enzyme. Cette structure se compose de plusieurs sous-unités en interaction.

    1. Un domaine membranaire et hydrophobe, le domaine F_o. Ce domaine est constitué de 13 à 15 polypeptides et forme ce que l'on peut appeler « un pore à protons » trans-membranaire (Pedersen et Carafoli, 1987 ; Fillingame, 1992).

2. Un second domaine, extra-membranaire, lié au premier, le domaine F_1. Ce domaine est constitué de 5 à 9 polypeptides assemblés (Pedersen et Carafoli,1987 ;Fillingame,1992)

Le mode de fonctionnement de cette classe d'ATPase est connu. La sous-unité F_1 utilise l'énergie obtenue par le passage de proton au travers de la sous-unité F_o afin de synthétiser l'ATP (Pedersen et Amzel, 1992). La structure du domaine F1 a été décrite avec précision (Abrahams et al., 1994).

- Les V-ATPases : cette classe d'ATPases se retrouve généralement associée aux membranes des vacuoles chez les plantes ainsi que chez les champignons. On la retrouve également associée aux lysosomes, endosomes, et vésicules de sécrétion (Forgac, 1992) Apparentée à la classe des F_1-F_oATPases d'un point de vue structural, elles sont constituées de plusieurs sous-unités en interaction. Le nombre exact ainsi que la structure fine de ces assemblages polypeptidiques n'ont pas encore pu être élucidés mais leur fonctionnalité se résume au pompage de protons à travers la membrane. Ce transport est effectué grâce à l'apport d'énergie résultant de l'hydrolyse de l'ATP. Ce transport permet entre autre le maintien de bas pH au niveau des lysosomes et des vésicules de sécrétions (Pedersen et Carafoli,1987).

- Les P-ATPases : cette classe d'ATPases d'origine procaryote ou eucaryote se compose d'un grand nombre de protéines (plus de 200). Elles sont responsables du transport actif de nombreux cations au travers des membranes cellulaires. D'une structure plus simple que celles des deux autres classes, ces protéines se voient principalement constituées d'un polypeptide responsable de toute l'activité catalytique. Il est parfois associé à un ou deux autres polypeptides pour lesquels aucune activité catalytique particulière n'a jamais pu être mis en évidence. Elle se distingue des deux autres classes d'ATPases à la fois par cette structure simplifiée et par l'existence au cours de son cycle catalytique d'un intermédiaire phosphorylé a niveau d'un résidu aspartate (par un lien covalent aspartylphosphate). Lors de ce cycle catalytique, ces ATPases adoptent tour à tour deux conformations principales appelées E_1 et E_2 (Post et al.,1972 ; Albers et al.,1974). C'est pour cette raison qu'elles sont également appelées E_1-E_2 ATPases.

- Les A-ATPases : ce groupe d'ATPases se retrouve uniquement chez les archaebactéries. De part leur structure complexe (grand nombre de sous-unité, grande taille) et leur mode de fonctionnement (l'hydrolyse de l'ATP peut–être inversée) elles se rapprochent plus des F_1-F_o-ATPase que des ATPases des deux autres groupes.

I.2 Les P-ATPases (ou E_1-E_2 ATPases) :

I.2.1 Introduction :

Les P-ATPases forment une classe de protéines responsables du transport actif de substrats au travers de la membrane (Møller et al.,1996). D'origine procaryote ou eucaryote, elles transportent une grande variété de cations. Leur taille peut varier de 72 kDa pour la Cd^{++}-ATPase bactérienne à 200 kDa pour une ATPase de plasmodium. Dans un premier temps, la famille des P-ATPases se subdivise en deux grandes sous-classes appelées P1 et P2

(Lutsenko et Kaplan, 1995). Cette classification se base sur le type d'ions transportés plutôt que sur des homologies de séquence. Dans le type P1 on retrouve les ATPases responsables du transport de métaux lourd (Cd^{++},Hg^{++},Cu^+,...). Le type P2 regroupe quant à lui toute les autres ATPases de type P. Selon cette classification, il existe néanmoins certaines P-ATPases qui ne peuvent se classer dans l'une ou l'autre de ces catégories, citons par exemple la Mg^{++}-ATPase de *S. thyphimurium* qui possède des caractéristiques communes aux deux sous-classes, le cas de la H^+,K^+-ATPase ou la Na^+,K^+-ATPase pour qui il existe une seconde unité protéique associée à la première ou la Kdp-ATPase constituée de multiples sous-unités. La classification proposée semblait correcte mais incomplète. Comme il existait néanmoins certaines caractéristiques propres à chacun des deux types d'ATPases définies dans ces conditions. Citons par exemple l'existence d'un motif de fixation de l'ion se répétant de 1 à 6 fois du côté N-terminale pour le type P1, ainsi que le nombre plus important de segment transmembranaire prédit (de 8 à 12) pour le type P2 (Petrukhin et al. ,1994). Une nouvelle classification, prenant en compte à la fois le type d'ions transportés, mais également la séquence, fut proposée en 1998 (Axelsen et al.,1998). Par la grande variabilité du nombre d'acides aminés composant les entités protéiques de cette classe d'enzyme, un alignement comparatif direct des séquences primaires ne pouvait se faire pour un grand nombre d'entre elles. L'alignement choisi dans cette nouvelle classification porte donc sur certaines zones ciblées conservées pour l'ensemble des protéines de cette classe. Ces zones sont au nombre de 8 et comprennent un peu plus de 250 acides aminés. Elles se retrouvent dans toutes les enzymes de type P et subissent un nombre limité de modifications entre les différentes entités protéiques formant cette classe (Figure I.1). En se basant sur cet alignement particulier et en comparant différentes séquences protéiques disponibles dans la large banque de données, telles que EMBL ou SWISS-PROT, plus de 200 séquences peuvent être associées au groupe des P-ATPases. Une analyse phylogénétique de ce groupe amena à une classification comprenant 5 sous familles (Figure I.2).

- P_I : famille comprenant la KdbB, transportant le K^+ dans, par exemple, *Escherichia coli*, et les ATPases transportant les métaux lourds tels que le Cu^{++} et le Cd^{++}.
- P_{II} : ATPases transportant-le Ca^{++} tel la Ca^{++}-ATPase du reticulum sarcoplasmique ainsi que celles transportant des ions monovalents tels que la H^+,K^+-ATPase et la Na^+,K^+-ATPase.
- P_{III} : groupe comprenant entre autre les H^+-ATPases plasmiques et la Mg^{++}-ATPase bactérienne.
- P_{IV} : Pour ce groupe, le type de cation transporté n'est pas encore connu avec certitude, mais il pourrait s'agir d' aminophospholipides (Raggers et al.,2000). Cette famille de protéines se retrouve uniquement chez les procaryotes.
- P_V : dans le cas de celles-ci aucune spécificité particulière n'a encore pu être mise en évidence, mais l'existence d'une séquence particulière ne se retrouvant que dans cette famille (PPxxP) laisse suggérer une spécificité fonctionnelle propre à cette famille. En effet elles sont supposées transporter non pas des cations, mais des anions (Cl^-,HCO_3^-,...) (Gerenscer 1996). Le classement de ces protéines dans la classe des P-ATPases est encouragé par leur aptitude à utiliser le même type de substrat (ATP), la présence obligatoire de Mg^{++} lors de la réaction catalytique, ainsi que leur forte sensibilité au vanadate (VO_4^{3-} molécule capable d'inhiber les P-ATPases).

Malgré l'existence de différences importantes au sein de cette famille d'ATPases. Citons par exemple le type de composé transporté ou la variabilité de la taille de ces protéines.

Introduction

Une même organisation structurale peut-être présumée pour l'ensemble de ces protéines. Cette hypothèse se base sur plusieurs similitudes existant au sein de ce groupe enzymatique :

1. Présence de similarités de séquences en acides aminés entre les différentes P-ATPases pouvant atteindre plus de 80% pour certaines zones conservées.

2. Présence de motifs caractéristiques au sein de la séquence d'acide aminé (site de fixation de l'ATP)

3. Présence d'un intermédiaire phosphorylé au niveau d'un acide aspartique lors du cycle catalytique.

4. Similarité des profils d'hydropathies.

5. Existence de deux intermédiaires de conformation principaux (appelés E_1 et E_2) au cours du cycle catalytique.

6. Inhibition commune induite par la présence d'un même composé homologue du PO_4^{3-}, le vanadate (VO_4^{3-}).

I.2.2 Cycle catalytique :

Les ATPases de type P sont également dénommées E_1-E_2 ATPases. Cette dénomination vient du fait qu'au cours du cycle catalytique ces ATPases passent par deux conformations principales appelées E_1 et E_2 (Albers et al.,1974 ; Post et al.,1972 ;Brenzinski P et al. 1988). La conformation E_1 est caractérisée par une exposition des sites de liaisons ioniques du côté cytoplasmique, ainsi que par une forte affinité pour l'ATP. La conformation E_2, quant à elle, se caractérise par une affinité vis-à-vis de l'ATP réduite (Rabon et al, 1990). Les deux conformations principales sont impliquées dans une réaction d'équilibre de conformation. La conformation E_1 lie l'ion à transporter du côté cytoplasmique et est phosphorylé par l'ATP pour former l'intermédiaire E_1-P. Cet intermédiaire est en équilibre avec l'intermédiaire de conformation E_2-P. Celui-ci possède peu d'affinité pour l'ion transporté et permet ainsi son largage du côté extra-cytoplasmique. Une fois ceci réalisé, l'intermédiaire E_2-P est hydrolysé régénérant alors l'intermédiaire E_2 qui est en équilibre avec la conformation E_1.

Ce cycle catalytique est, dans ces grandes lignes, unanimement accepté à l'heure actuelle. Néanmoins, la discussion portant sur ce modèle, en termes du nombre et de l'ordre de la succession des différents intermédiaires, est toujours d'actualité (Scarborough et al.,2003). L'étude de certains intermédiaires du cycle catalytique de la Ca^{++}-ATPase a permis de mettre en évidence, outre la présence d'intermédiaires structuraux en plus grand nombre, certaines caractéristiques structurales opposées à celles prédites sur base du modèle catalytique E_1-E_2 (Scarborough et al.,2003 ;Gosh et Jenks ; 1996 ; Jencks, 1989 ;Dupont ,1982). De plus, le modèle E_1-E_2 ne permet pas à lui seul la compréhension des différents mécanismes permettant le couplage de la réaction de phosphorylation et de l'activité de transport observée. A l'heure actuelle, les informations disponibles, portant sur les mécanismes moléculaires et la présence d'intermédiaires structuraux au cours du cycle catalytique, permettent tout au plus de valider l'existence de larges modifications structurales dans la large boucle cytoplasmique ainsi qu'une possible implication des segments trans-membranaires dans ce processus. Néanmoins ces données ne permettent pas de comprendre ou d'identifier, au niveau moléculaire, les modifications de structures ainsi que les différents mécanisme associés. Cependant, un couplage entre les modifications structurales ayant lieu dans la large boucle cytoplasmique et la zone membranaire est fortement envisagée, sans pour autant être identifié avec certitude.

Afin de déterminer plus précisément la topologie et les éventuelles modifications de celle-ci au cours du cycle catalytique, de nombreux groupes dont le nôtre, ont tenté depuis plusieurs années d'obtenir des résultats plus précis. L'importance des modifications de structures, aussi bien au niveau de la boucle cytoplasmique que des segments transmembranaires ne faisant aucun doute, l'obtention d'un modèle topologique incluant des résultats à l'échelle moléculaire devenait impérative. Ceci a été obtenu dans un premier temps sur l'H^+-ATPase de *Neurospora crassa* par l'équipe de Scarborough (Cyrklaff M et al., 1995 ; Auer M et al. 1998 ; Auer M et al. 1999 ; Scarborough GA 2000). Malgré une résolution de l'ordre du nm, l'obtention de cristaux 2D de la H^+-ATPase n'a pas permit la description d'une structure tertiaire permettant de relier directement celle-ci à un mode de fonctionnement particulier, mais la topologie supposée et obtenue par les méthodes théoriques a pu être validée. La H^+-ATPase est bien composée d'une large boucle cytoplasmique surplombant deux zones trans-membranaires par lesquelles elle se retrouve ancrée à la membrane. Ces deux zones étant constituées respectivement de 4 segments en hélice alpha du côté N-terminale et de 6 du côté C-terminale.

Une avancée significative dans le domaine topologique des P-ATPase a été obtenue récemment pour la Ca^{++}-ATPase (Toyoshima et al. ; 2000 ;2002). Cette équipe a réussi à obtenir une image cristallographique d'une résolution de 2.6 Å. La Ca^{++}-ATPase est constituée, d'un point de vue topologique, d'une large boucle cytoplasmique ancrée à la membrane par deux zones membranaires. Ces deux zones membranaires sont, comme dans le cas de la H^+-ATPase, constituées de respectivement 4 hélices du côté N-terminal et 6 du côté C-terminal. Ce résultat permet également une vision en 3 dimensions des domaines cytoplasmique et membranaire de la Ca^{++}-ATPase. Mais cette avancée ne nous permet pas d'identifier ou de prévoir avec exactitude les différentes modifications structurales subies par la Ca^{++}-ATPase durant son cycle catalytique. Ces débats ont pris une importance toute particulière après l'obtention de cette structure 3D pour la Ca^{++}-ATPase par l'équipe de Toyoshima (Toyoshima et al. ; 2000). En effet, sur base de cette structure obtenue à l'aide de cristaux réalisés en présence de Ca^{++} (et donc sous la conformation E_1), différentes équipes ont tenté de modéliser la conformation E_2 (Toyoshima et al. ; 2000 ; Xu et al.,2002). Pour l'équipe de Toyoshima, le modèle proposé pour E_2 prenait en compte la structure cristalline de la conformation E_1 et une image cristallographique à 14Å de l'hypothétique conformation E_2 (obtenue en absence de Ca^{++}). Une autre structure représentant la conformation E_2 a été proposée par l'équipe de Xu. Elle s'appuie sur des résultats de cryomicroscopie électronique leur ayant permis l'obtention d'une image (à 6 Å de résolution) de la conformation E_2. Les deux structures représentant la conformation E_2 proposées par ces deux équipes sont très similaires. En ce qui concerne les changements de structure présents entre les deux conformations E_1 et E_2, il semblerait d'après les modèles proposés que la majeure partie de ceux-ci ait lieu au niveau de la large boucle cytoplasmique. Il s'agirait d'un mouvement d'ensemble qui pourrait se décomposer en plusieurs étapes. Ces mouvements provoqueraient un reploiement de la large boucle cytoplasmique entraînant l'apparition d'une conformation E_2 plus compacte dénommée « conformation fermée ». En ce qui concerne le rôle des segments trans-membranaires, à cause de la relativement faible résolution cristallographique obtenue pour E_2, rien ne peut être défini avec précision. Quelques modifications sembleraient être présentes aux niveaux des segments M2, M4, M5, et M10. Mais ces changements ne seraient, d'après les auteurs, que très limités et ne seraient principalement que de faibles modifications d'inclinaison par rapport au plan de la membrane. Le débat semble trouver une conclusion. En effet l'équipe de Toyoshima, déjà responsable de l'image 3D de la Ca^{++}-

Introduction

ATPase en conformation E_1, a par la suite publier l'image à haute résolution de la conformation E_2 obtenue en absence de Ca^{++} (Toyoshima et al.2002). La comparaison de cette structure avec celle obtenue pour E_1 montre des modifications dans le reploiement peptidique. Ces modifications correspondent au modèle prédictif présenté auparavant par ces mêmes auteurs. En effet la majeure partie des modifications subies par la Ca^{++}-ATPase lors du passage de la conformation E_1 à E_2 implique effectivement la large boucle cytoplasmique. De plus comme nous le supposions les segments trans-membranaires semblent également impliqués dans ces modifications structurales. Ces modifications seraient induites par une interaction privilégiée des segments M5 et M3 avec la large boucle cytoplasmique.

Bien que la validité de ces structures ne soient pas remise en cause, elles ne permettent pas d'expliquer le mécanisme moléculaire responsable du couplage hydrolyse de l'ATP / transport de cation. Sur base de ces structures, certaines hypothèses pouvant expliquer le phénomène de transport observé ont été proposées. Malheureusement, à l'heure actuelle, aucune de celles-ci ne permet d'expliquer l'entièreté du phénomène de transport.

I.2.3 Topologie :

Actuellement la plupart des modèles décrivant la topologie des P-ATPases reposent sur des études théoriques utilisant essentiellement la séquence en acides aminés ainsi que l'hydrophobicité relative de ceux-ci. Le profil d'hydrophobicité ainsi obtenu permet d'identifier les zones peptidiques à caractère suffisamment hydrophobe que pour être insérées dans la membrane lipidique. Ces modèles peuvent ensuite être vérifiés par des techniques biochimiques telles que protéolyses et marquages spécifiques, couplés ou non à des mesures cinétiques. Ces modèles concluent généralement à l'existence d'une large boucle cytoplasmique constituée de ~450 acides aminés. Celle-ci contient le site de phosphorylation et de fixation de l'ATP. Cette boucle se trouve reliée, par l'intermédiaire d'un certain nombre de segments trans-membranaires, à la membrane. Le nombre de segments trans-membranaires varie en fonction du modèle proposé. Au cours du cycle catalytique, cette large boucle cytoplasmique est impliquée dans des changements de conformations (identifiées par des modifications d'accessibilités à une protéase).

Ce type d'approche ne permet pas d'extrapoler la structure fine de ce type d'ATPase et n'aboutit donc pas à l'explication, en termes moléculaires, du phénomène de transport. Ils permettent tout au plus de faire des suppositions sur un mécanisme global, de proposer une structure attendue de type canal ou autre, sans pour autant pouvoir valider ce type de proposition.

I.3 La H^+,K^+-ATPase :

I.3.1 Rôle physiologique :

La H^+,K^+-ATPase, est l'enzyme responsable de la sécrétion d'acide dans la lumière de l'estomac. Cette production d'acide se fait par translocation de protons au travers de la membrane sécrétrice des cellules pariétales. Cette translocation est couplée à l'entrée de K^+, provenant de la lumière de l'estomac. La H^+,K^+-ATPase peut se retrouver soit associée à des vésicules intracellulaires, appelées tubulovésicules, lorsque la cellule pariétale se trouve au repos, ou au niveau de la membrane cytoplasmique lorsque la sécrétion acide est stimulée. L'acheminement de cette protéine des tubulovésicules à la membrane plasmique se fait via un phénomène réversible de fusion membranaire (Wolosin et Forte,1981 ; Urushidani et Forte,1987). Cette sécrétion est contrôlée par la voie cholinergique (Acétylcholine), ou via la gastrine ou l'histamine (Lloyd et al.,1992). Dans se travail, nous utiliserons la H^+,K^+-ATPase de porc. Ce choix a été dicté par le fait qu'elle puisse être purifiée en grande quantité à partir d'estomacs fraîchement extraits. Néanmoins, la pureté de l'échantillon ainsi obtenu étant loin

Introduction

de ce que l'on peut attendre lors d'étude structurale (Grade H.P.L.C >99%), nous avons dus mettre au point une technique de purification de segments trans-membranaires par H.P.L.C en phase inverse.

I.3.2 Cycle catalytique de l'H^+,K^+-ATPase :

La H^+,K^+-ATPase fait partie de la famille de P-ATPases. Lors du cycle catalytique, un intermédiaire aspartylphosphate est généré. Cet intermédiaire peut se retrouver sous deux états de conformations différentes E_1-P et E_2-P (Helmich-de Jong et al.,1987 ; Brezinski P. et al.,1988).

Lors du cycle catalytique, l'étape déterminante est la phosphorylation H^+ dépendante qui a lieu avant la formation de l'intermédiaire E_1-P. En second lieu vient l'étape de déphosphorylation qui est K^+ dépendante et qui amènera à l'intermédiaire E_2 fixant le K^+. Pour finir l'enzyme qui se trouve dans sa conformation E_2 retournera à sa conformation E_1 initiale, après largage du K^+ transporté, et le cycle recommencera (voir figure I.3). L'ordre dans lequel ce cycle s'effectue est dicté par le fait que la phosphorylation est activée par les protons et la déphosphorylation par les ions K^+.

Ce modèle de cycle catalytique a été finalisé par Rabon et Reuben (1990). Il privilégie une stœchiométrie de deux ions H^+ et deux ions K^+ transloqués par molécule d'ATP hydrolysée. Il peut se décomposer selon le schéma détaillé suivant : (Figure I.3)

1. Dans un premier temps, il y a occlusion des cations pour former l'intermédiaire (E_2.[$2K^+$]). On définit l'occlusion par le fait qu'un ou plusieurs cations fixés sur l'enzyme ne peuvent plus être échangés avec les cations du milieu extérieur. Le choix de l'intermédiaire E_2, comme premier élément du cycle catalytique, est dicté par le fait que la présence de K^+ induit l'apparition de cette conformation sans présence obligatoire d'ATP.

2. Ensuite, suite à la fixation de l'ATP sur un site de faible affinité, la conformation globale de l'enzyme se voit déplacée vers l'intermédiaire (E_1.[$2K^+$].ATP). Cette nouvelle conformation est caractérisée par l'exposition de sites de fixations cationiques du côté cytoplasmique et une forte affinité pour l'ATP.

3. Deux ions H^+ déplacent alors deux ions K^+, et le K^+ est libéré. En présence de Mg^{++} l'ATP est hydrolysé en ADP. A ce moment, il y aurait formation d'un intermédiaire phosphorylé de manière non covalente ($E_1\sim Pi.(2H^+).ADP$). Cet intermédiaire est instable et son existence reste difficile à démontrer (Rabon et al.1982 ; Helmich-de Jong et al.,1985). Cet intermédiaire peut être déphosphorylé par l'ADP pour reformer de l'ATP.

4. Cet intermédiaire instable est rapidement transformé en un intermédiaire stable phosphorylé de manière covalente sur l'Asp^{385} (E_2-Pi.($2H^+$)). La formation de ce lien covalent aspartylphosphate induit la conversion de l'enzyme dans une conformation globale de type E_2. Cet intermédiaire se caractérise par l'exposition de sites de fixations des protons du côté extra cytoplasmique et une faible affinité vis-à-vis de l'ATP.

5. Après ce changement de conformation, il y a déplacement de deux ions H^+ par deux ions K^+ et formation de l'intermédiaire (E_2-Pi.($2K^+$)).

Introduction

6. Pour finir, une déphosphorylation K^+ dépendante provoque la formation de l'intermédiaire **($E_2.(2K^+)$)**, ce qui termine le cycle.

L'existence d'au moins deux conformations principales (E_1 et E_2) pour la H^+,K^+-ATPase fut mise en évidence par une modification de la fixation covalente d'un inhibiteur (le F.I.T.C plus communément appelé fluoresceine isothiocyanate) en présence ou non de ces ligands (Schrijen et al.,1980 ; Jackson et al.,1983). L'utilisation du F.I.T.C comme inhibiteur dans ces expériences, couplé à des expériences de trypsinolyse limitée, a pu confirmer l'existence de modifications structurales entre ces différentes conformations.

Le F.I.T.C se fixe rapidement et spécifiquement sur la lysine^{515}. La fluorescence de ce composé varie en fonction de l'hydrophobicité du milieu dans lequel il se trouve. Les modifications de sa fluorescence ont permis la mise en évidence de ces 2 conformations principales (Rabon et al, 1990). En effet, l'ajout de K^+ dans un milieu contenant la H^+,K^+-ATPase marquée aux F.I.T.C induit une chute de l'intensité de fluorescence du F.I.T.C fixé, indiquant une modification de structure entre les conformations E_1 et E_2. Cette modification de structure amènerait la Lys^{515} dans un environnement localement plus hydrophobe en E_2. Une trypsinolyse limitée effectuée sur les deux conformations principales indique un changement d'accessibilité de certains sites de clivages trypsiques (Helmish-de Jong et al.,1987). La sous-unité alpha d'un poids approximatif de 95 kDa génère sous la conformation E_1 (obtenue en présence d'ATP et absence de K^+) deux peptides de respectivement ~67 kDa (E^{48}-K^{668}) et ~35 kDa. La conformation E_2 quant à elle (obtenue en présence de K^+) génère deux autres peptides majoritaires de ~56 kDa (G^{446}-Y^{1034}) et ~42kDa (G^2-R^{455}) respectivement.

Au vu de ces résultats, les modifications structurales semblent impliquer la grande boucle cytoplasmique contenant le site catalytique. Elle n'est cependant pas la seule à subir des modifications. En effet, la fluorescence du M.D.P.Q (1-(2-méthylphényl)-4-méthylamino-6-méthyl-2,3-dihydropyrrolo{3,2-c} quinoline), qui se lie aux sites extra-cytoplasmiques de la H^+,K^+-ATPase, est modifiée lors de la phosphorylation qui a lieu sur la large boucle cytoplasmique de l'enzyme au cours de son cycle catalytique (Rabon et al.,1991 ;1992). Ceci démontre que les changements de conformations subis par la H^+,K^+-ATPase durant son cycle catalytique sont transmis au travers de la membrane par les segments trans-membranaires. Inversement, par la mise en évidence de la modification de fluorescence du FITC (Rabon et al ;1990) la fixation de K^+ luminal (extracytoplasmique) provoque des modifications, transmises au niveau de la boucle cytoplasmique.

I.3.3 Structure et Topologie de la H^+,K^+-ATPase :

I.3.3.1 Introduction :

La H^+,K^+-ATPase se caractérise par son organisation hétérodimèrique (Hall et al.,1990). Elle est constituée de deux sous-unités appelées alpha et bêta. La sous-unité alpha est constituée d'un polypeptide ancré à la membrane par une série de segments trans-membranaires dont le nombre exact est encore à l'heure actuelle sujet à débat. Cette unité détient l'entièreté de l'activité catalytique. La structure de la sous-unité bêta est beaucoup plus simple. Elle est constituée d'un polypeptide contenant un seul segment trans-membranaire. Son implication dans le phénomène de transport, et plus particulièrement dans la réaction catalytique, n'a pas encore pu être mise en évidence. Un rôle particulier dans le processus de maintien structural ainsi que dans l'acheminement intracellulaire du complexe protéique représentant la H^+,K^+-ATPase a pu être démontré (Vagin et al.,2003).

I.3.3.2 La sous-unité alpha :

La séquence complète (1030 à 1035 acides aminés) de plusieurs de ces enzymes a été déterminée par clonage de leur cDNA (MacLennan et al.,1985 ; Shull et al.,1986). Le taux d'homologie dans l'alignement des chaînes polypeptidiques de différentes espèces (voir Figure I.4) est de l'ordre de 97% (Bamberg et al.,1992). Un tel taux d'homologie laisse supposer une structure tridimensionnelle commune aux H^+,K^+-ATPases des différentes espèces. Le taux de similitude de la H^+,K^+-ATPase avec d'autre type de P-ATPase peut varier de 25% pour la Ca^{++}-ATPase à plus de 65% pour la Na^+,K^+-ATPase. Ce taux de similitude relativement faible pour certaine P-ATPase est contrebalancé par un taux de similitude élevé dans certaines zones de l'alignement réalisé. Ces zones sont au nombre de 8 et ont été utilisés comme motif de regroupement de cette classe d'enzyme (voir chapitre I.2.1). L'extrémité C-terminale est cytoplasmique, ceci a pu être déterminé par l'utilisation d'anticorps dirigés contre, dans le cas de la H^+,K^+-ATPase de porc, un peptide allant de l'acide aminé 1024 à 1034 (Asano et al.,1994). Des expériences similaires mais dirigées contre le domaine N-terminal ont pu démontrer sa localisation cytosolique. (Caplan et al.,1990). La position cytoplasmique de ces deux extrémités implique donc l'existence de segments trans-membranaires en nombre pair. En ce qui concerne le site de phophorylation et de fixation de l'ATP, ils ne peuvent être que cytosolique puisque ces métabolites ne se retrouvent pas dans la lumière de l'estomac.

I.3.3.3 Topologie membranaire :

La topologie membranaire de la H^+,K^+-ATPase n'est pas encore définie avec exactitude. Différentes approches ont été testées afin de pouvoir obtenir un modèle topologique reflétant la réalité. La première de ces approches fut l'analyse du profil d'hydrophobicité de la H^+,K^+-ATPase afin de mettre en évidence certaines zones susceptibles d'être membranaires. Cette approche permit à l'équipe de Shull (Shull et Lingrel,1986) de proposer sur base d'une analyse du profil hydrophobicité un modèle contenant 8 segments trans-membranaires (Figure I.5 A). En parallèle, d'autres équipes ont tenté la même approche mais étoffée de résultats de protéolyse ou de génétique (Besançon et al.,1993 ;Smolka et al.,1991). Ces résultats semblent être en contradiction. Les résultats de protéolyses et d'inhibition topologique mettent en doute la validité du modèle à 8 segments trans-membranaires sans pour autant permettre de valider un modèle a 10 segments trans-membranaires (Figure I.5 B)(Munson et al.,1991 ; Melle- Milovanovic et al.,1998 ; Smolka et al.,1999). Néanmoins, certains résultats obtenus par la voie génétique ont mis en évidence la capacité d'insertion membranaire de certaines zones positionnées du côté C-terminal de la H^+,K^+-ATPase. Ces zones sont supposées contenir les segments M9 et M10 (Bamberg et Sachs,1994). Malheureusement à l'heure actuelle les segments trans-membranaires M9 et M10 hypothétiques n'ont jamais pu être isolés expérimentalement. Néanmoins, des travaux réalisés dans notre laboratoire, basés sur une protéolyse extensive à la protéinase K et des mesures spectroscopiques en ATR-FTIR (« Attenuated Total Reflection Fourier transforme InfraRed spectroscopy») (Raussens et al.1997), ont pu mettre en évidence l'existence de 248 acides aminés associés à la membrane et en structure de type hélice alpha. Ces 248 acides aminés sont en accord avec le modèle prédisant 10 segments trans-membranaires comme dans le cas de la Ca^{++}-ATPase et un segment trans-membranaire provenant de la sous-unité bêta.

En conclusion, les modèles obtenus à l'heure actuelle par les techniques « classiques » restent préliminaires. Nous espérons néanmoins dans ce travail pouvoir trancher entre l'un et l'autre de ces modèles, et conforter celui-ci par de nouveaux résultats expérimentaux.

Introduction

I.3.3.4 La sous-unité bêta :

Elle est le second élément constituant la H^+,K^+-ATPase (Okamoto et al.,1990). Elle se compose de 290 à 294 acides aminés selon les espèces, ce qui correspond à un poids de ~35 kDa. Dans le cas du porc, la séquence de cette sous-unité a été complètement déterminée (Toh et al.,1990 ; Reuben et al.,1990). D'après les modèles basés sur le profil d'hydrophobicité, elle possèderait un seul segment trans-membranaire (Reuben et al.,1990). Elle possède un petit domaine N-terminal cytoplasmique et un large domaine C-terminal extra cytoplasmique. Ce dernier possède 7 sites de glycosylations potentiels, dont 6 seraient effectivement glycosylés (Horisberger et al.,1991 ; Chow et Forte, 1993) (Figure I.6). Le rôle exact de ces glycolsylations n'est pas encore connu, mais une implication dans le phénomène d'acheminement (« targeting »), et plus particulièrement au niveau de la localisation cellulaire du complexe protéique formant la H^+,K^+-ATPase est envisagée (Vagin et al.,2003).

Le rôle exact des différents domaines de la sous-unité bêta n'est pas encore connu. En ce qui concerne le côté N-terminal, une interaction particulière de celui-ci avec la boucle cytoplasmique dénommée B6 (joignant les segments trans-membranaires dénommés M6 et M7 de la sous-unité alpha de la H^+,K^+-ATPase) a été mise en évidence (Shainskaya et al.,2000). D'autres expériences indiquent qu'une protéolyse limitée de la sous-unité bêta du côté cytoplasmique semble affecter le phénomène de fixation cationique de ce côté. Ceci suggère une participation de cette zone N-terminale au phénomène de fixation des cations via la sous-unité alpha. Ce résultat laisse supposer une implication structurale dans la formation d'un site coordinant les cations à l'entrée de la membrane et permettant leur acheminement en zone membranaire (Shainskaya et al.,1996 ; Hermsen et al. ;2000).

En ce qui concerne la zone C-terminale extra-cytosolique, elle contient un certain nombre de cystéines impliquées dans des ponts disulfures. Ces ponts disulfures semblent essentiels pour le maintien de l'activité ATPasique. Une réduction au 2-mercaptoethanol et dithiothreitol provoque l'inhibition de l'activité ATPasique. Une résistance à l'inhibition est observée en présence de différents ligands comme le K^+ ou le Rb^+ (Chow et al.,1992 ; Tyagarajan et al., 1995). Il semblerait donc que l'intégrité structurale de la sous-unité bêta et les interactions entre celle-ci et la sous-unité alpha soient nécessaires au maintien de l'activité catalytique. Des expériences de digestions à la trypsine suivies de purifications sur colonne ont pu mettre en évidence l'existence de ces différentes interactions entre domaines membranaires (Shin et Sachs, 1994).

Au vu de ces résultats, une participation de la sous-unité bêta à l'organisation et la stabilisation structurale de la H^+,K^+-ATPase au cours de son cycle catalytique est évidente.

I.3.3.5 Site de fixation du H^+ :

A l'heure actuelle aucune expérience n'a pu mettre en évidence les zones impliquées dans la fixation du proton. La mutation de certains acides aminés (chargés négativement), positionnés sur la moitié membranaire la plus proche du cytoplasme du segment trans-membranaire M6 modifie la capacité de la H^+,K^+-ATPase à être phosphorylée durant son cycle catalytique (Swarts et al ;. 1996 ;Asano et al,2001). Ce segment semble donc être indispensable dans le phénomène de fixation des cations induisant la phosphorylation ou la déphosphorylation cation dépendante (Herman et al ;1998). Du côté extra-cytoplasmique, une voie de sortie des protons est envisagée au niveau de la boucle joignant les segments trans-membranaire M5 et M6. En effet la fixation de l'omeprazole sur la sous-unité alpha de la H^+,K^+-ATPase (inhibiteur spécifique de la H^+,K^+-ATPase en condition acide) se fait sur les cystéines présentes dans cette boucle (Cys^{813} et Cys^{822}).Comme cet inhibiteur n'est actif qu'à pH acide, une concentration relativement élevée en proton pourrait donc être localisée à proximité de cette boucle durant le cycle catalytique (Lambrecht et al ;1998). Des expériences récentes effectuées sur la Na^+,K^+-ATPase, ATPase issue du même sous groupe fonctionnel

Introduction

que la H^+,K^+-ATPase et possédant également une activité de co-transport, ont permis de mettre en évidence une zone susceptible d'être responsable de l'entrée du Na^+ au niveau cytoplasmique (ce Na^+ transporté par la Na^+,K^+-ATPase semble jouer un rôle similaire à celui joué par le proton transporté par la H^+,K^+-ATPase). Il s'agit de la boucle cytoplasmique dénommée B6 joignant les segments trans-membranaires M6 et M7 (Shainskaya et al. ;2000). Une possible voie d'entrée pour le Ca^{++}, dans le cas de Ca^{++}-ATPase, a été proposée sur base de la structure cristalline de cette protéine (Toyoshima et al.,2000 ;2002). Pour cette enzyme, le Ca^{++} semble jouer le rôle des protons de la H^+,K^+-ATPase. Cette voie d'entrée propose un rôle privilégié de relais pour un résidu glutamate positionné sur le segment trans-membranaire M4. Cette voie d'accès serait constituée par un canal aqueux présent dans la conformation principale E_1. Enfin, les résultats de mutagenèse dirigée mettant en évidence l'implication du segment M4, et plus particulièrement la zone contenant le motif $P^{343}E^{344}GL^{346}$, dans la sélectivité ionique (Møller et al ;1996 ;Blostein et al. ;1999 ;Mensen et al. ;2000). Certains travaux, réalisés dans notre laboratoire sur la H^+-ATPase de *Neurospora crassa* (Radresa et al.,20002), confortent également l'hypothèse de la présence d'un canal aqueux permettant l'acheminement des ions en zone membranaire.

I.3.3.6 Site de fixation luminal du K^+ :

En ce qui concerne le site de fixation du K^+ extra cytoplasmique permettant l'entrée de cations dans la membrane, l'utilisation du mDazip (inhibiteur compétitif de l'activation par le K^+) suggère un site de fixation luminal pour le K^+ situé entre la Gln127 et l'Asn138 (Munson et al,1991). Ces acides aminés sont positionnés, d'après les modèles topologiques actuels, dans la boucle joignant les segments trans-membranaires M1 et M2, mais une participation d'acides aminés issus d'autres segments trans-membranaires de l'enzyme n'est pas à exclure. Une analyse plus fine de l'interaction d'inhibiteurs tels que le SCH28080 et ses dérivés (homologues structuraux du mDazip) avec la H^+,K^+-ATPase, ainsi que certains travaux de modélisation, permettent de supposer une implication particulière de certains acides aminés appartenant à M4 (Munson et al,2000) et M6 (Watts et al., 2001).

I.3.3.7 Segments trans-membranaires M5 et M6 :

Les différentes études de mutagenèse effectuées sur la Na^+,K^+-ATPase ainsi que sur la H^+,K^+-ATPase ont pu mettre en évidence l'implication particulière d'une série d'acides aminés chargés dans la coordination des cations lors du transport. Ces acides aminés sont majoritairement positionnés sur M5 et M6 (Jewell-Motz et Lingrel, 1993 ; Kuntzweiler et al, 1996 ; Swartz et al, 1996 ; Pedersen et al.,1997 ; Rulli et al.,2001 ; Vagin et al.,2002 ; Burnay et al.,2003 ;Qiu et al.,2003 ;Swarts et al.,2003). Dès lors la participation de M5 et M6 à la coordination des cations lors du transport ne fait aucun doute.

L'étude de l'occlusion du K^+ dans le cas de différentes P-ATPase, dont la Na^+,K^+-ATPase et la H^+,K^+-ATPase, a mis en évidence l'implication particulière des segments M5 et M6. Lors de ce phénomène, l'ion K^+ fixé sur l'enzyme n'est plus échangeable avec la phase aqueuse (Munson et al.,1991 ; Capasso et al ,1992 ; Rabon et al. ,1993). Un intermédiaire « occlus » est donc généré. Les segments M7 à M10 formeraient la zone d'occlusion proprement dite (Koenderink et al. ;2001), et les segments M5 et M6 quant à eux permettraient la stabilisation de ce complexe dans la membrane et l'acheminement du K^+ vers sa zone d'occlusion (Shainskaya et al. ;2000). Dès lors un rôle pour M5 et M6 dans le transport proprement dit des cations au sein de la membrane peut également être supposé.

Un troisième rôle des segments M5 et M6 peut être mis en évidence. Il s'agit de leur faculté à transmettre un changement de conformation aux autres parties de l'enzyme lors de la fixation du K^+. Il s'agit donc d'un rôle d'interrupteur sensible à la présence de ligands en phase de transport. La mutagenèse dirigée a permis de mettre en évidence l'importance du

Introduction

segment M6 dans l'activité d'hydrolyse d'ATP K^+ dépendante. Il s'agit particulièrement du rôle de la zone luminale de M6 dans le cas du phénomène de déphosphorylation K^+ dépendante et de la zone cytoplasmique pour la phosphorylation (Asano et al,2001). De plus, la zone en amont du segment trans-membranaire M5 (cytoplasmique) semble également être impliquée dans le phénomène de phosphorylation et déphosphorylation. Celle-ci participerait avec le Mg^{++} à la formation du site de phosphorylation (Jorgensen et al,2001).

Une expérience remarquable démontre l'importance des changements qui affectent M5 et M6 lors du passage de la conformation E_1 à E_2 (Lutsenko et Kaplan,1995 ;Gatto et al.,1999). Après protéolyse limité de la Na^+,K^+-ATPase et de la H^+,K^+-ATPase un changement de conformation important, induit par l'absence de K^+, amène une déstabilisation des deux segments membranaires M5 et M6. Ceux-ci se dissocient alors des autres segments membranaires impliqués dans le phénomène d'occlusion, et sont libérés dans la phase aqueuse. Cette expérience démontre la flexibilité particulière de ces segments trans-membranaires.

En considérant leurs implications multiples (occlusion des cations, transport, régulation…etc..) et leur flexibilité particulière, M5 et M6 semblent être de bons candidats à un rôle de « charnière » entre la réaction de phosphorylation et le phénomène de transport d'ions, charnière autour de laquelle le phénomène global de transport viendrait s'articuler.

I.4   La Ca^{++}-ATPase :

I.4.1.1 Introduction :

La calcium ATPase est localisée dans le réticulum sarcoplasmique. Elle est responsable du transport au travers de la membrane plasmique de deux ions Ca^{++} par molécule d'ATP hydrolysée (Møller et al.,1996). Cette activité est nécessaire dans le phénomène de relaxation musculaire (Meissner et al.,1971). Deux structures cristallines de la Ca^{++}-ATPase sont disponibles sur le site PDB (http://www.rcsb.org/pdb/) sous l'étiquette 1EUL et 1IWO (Toyoshima et al. ; 2000 ;2002). Ces structures tridimensionnelles de la Ca^{++}-ATPase, obtenues par le groupe de Toyoshima (1EUL et 1IWO), pourraient représenter les deux intermédiaires principaux E_1 et E_2 présents lors du cycle catalytique. Par les conditions expérimentales imposées lors de l'obtention du cristal (présence de Ca^{++}/absence d'ATP, absence de Ca^{++}…), la Ca^{++}-ATPase pourrait se retrouver dans ses deux états de conformations principaux. Le cycle catalytique de la Ca^{++}-ATPase basé sur le modèle E_1-E_2 est présenté en figure I.7. Pour simplifier la description structurale de la Ca^{++}-ATPase réalisée ici, nous allons uniquement nous attarder sur la conformation E_1 (1EUL).

I.4.1.2 Topologie membranaire:

Le modèle topologique de la Ca^{++}-ATPase obtenu sur base de la structure cristalline) est présenté en figure I.8 (Toyoshima et al.,2000. Le positionnement de la phase lipidique ne pouvant se faire sur base de l'image cristallographique obtenue (figure I.9 E1 et E2), celle ci a été extrapolée sur base de résultats antérieurs. En effet, malgré la résolution de la structure cristallographique de la Ca^{++}-ATPase, il n'est pas directement possible sur base de celle-ci d'identifier avec précision la zone membranaire. Ceci est principalement du au fait que cette structure cristalline ne possède pas de molécules de phospholipides identifiables. Néanmoins, il est possible d'identifier théoriquement la zone membranaire en se basant sur certains postulats théoriques ou empiriques portant sur le mode d'insertion de petits peptides au sein d'une bicouche lipidique. Cette approche a été utilisée par Lee et al. (Lee et al.,2002) sur la Ca^{++}-ATPase afin de tenter de déterminer la zone membranaire de la Ca^{++}-ATPase. Cette approche se base sur l'existence d'une position préférentielle de certains résidus, tels que les

Introduction

tryptophanes et plus généralement les résidus portant une chaîne latérale de type aromatique, au sein d'une bicouche lipidique (Wimley et al.,1996 ; Yau et al.,1998). Cette position préférentielle est en faveur d'une position à cheval, sur la zone de l'interface membrane/eau, pour les chaînes latérales de ces résidus positionnés à proximité de celle-ci (Yau et al.,1998). Cette position préférentielle théorique est parfaitement observable sur le canal potassique bactérien KcsA (Doyle et al.,1998). Dans le cas de ce canal potassique bactérien, l'observation de la structure cristallographique obtenue permet d'observer le positionnement privilégié d'un certain nombre de résidus Trp délimitant deux plans parallèles. Ceux-ci délimitent une zone compatible avec la position de la zone membranaire présumée de ce canal. En partant de cette observation, Lee (Lee et al.,2002) identifie, à l'aide de la présence de 4 résidus Trp un plan délimitant l'interface membrane/eau du côté cytoplasmique. En couplant ceci aux résultats de la mesure d'activité ATPasique de la Ca^{++}-ATPase reconstituée dans différentes phases lipidiques (East et Lee, 1982 ; Starling et al.,1993 ; Starling et al.,1994), il a tenté d'identifier les résidus aromatiques, positionnés du côté de l'interface extra-cytoplasmique, susceptibles de former le second plan délimitant la largeur de la membrane lipidique. Ces recherches l'ont mené à proposer deux plans distincts, positionnés respectivement à 30 Å et 21 Å du premier, délimitant donc 2 largeurs de membranes compatibles avec les résultats ultérieurs. Bien que les résultats ultérieurs indiquent une plus forte probabilité dans le cas d'une largeur de membrane égale à 30 Å, il n'a pas pu trouver d'arguments structuraux indiscutables permettant d'affirmer ceci à la vue de la structure de la Ca^{++}-ATPase. Un doute subsiste donc sur la largeur effective de la zone membranaire de la Ca^{++}-ATPase. Ceci induit une erreur de 9 Å sur le positionnement des résidus délimitant la zone membranaire. Cela représente en première approximation la largeur d'un peptide de 6 résidus impliqués dans une structure de type hélicoïdale (structure privilégié dans le cas de segments trans-membranaires). Comme un segment trans-membranaire est délimité par deux résidus, on peut considérer que l'erreur portant sur la position de ceux-ci est de l'ordre de 3 résidus par terminaison. Malgré cette erreur sur le positionnement des résidus délimitant la zone membranaire, la structure de la Ca^{++}-ATPase nous permet néanmoins de localiser ceux-ci. Le nombre total de segments trans-membranaires présents pour la Ca^{++}-ATPase est de 10.

I.4.1.2.1 Zone membranaire N-Terminale :

La zone N-terminale contient 4 segments trans-membranaires, ils adoptent une structure de type hélice alpha et leur orientation par rapport au plan de la membrane est proche de la perpendicularité. Les segments trans-membranaires M1 et M2 sont organisés en hélice alpha. En ce qui concerne les segments trans-membranaires M3 et M4, il existe au sein de ces segments une zone déstructurée de quelques acides aminés.

I.4.1.2.2 Boucle Cytoplasmique :

Cette boucle est responsable de l'entièreté de l'activité catalytique, elle contient le site de fixation de l'ATP (voir figure I.10 Domaine N) ainsi que le site de phosphorylation (voir figure I.10 Domaine P). Elle est délimitée par la Lys^{329} du côté N-terminal juste en aval de M4, et par la Phe^{740} du côté C-terminal juste en amont du segment trans-membranaire M5. Cette boucle est constituée de 412 acides aminés et possède un point approximatif de 45.2 kDa.

- **Site de phosphorylation** : (voir figure I.10 Domaine P)
La **zone P** (ou domaine P), contenant le site de phosphorylation (Asp^{351}) peut se décomposer en deux parties. La première, située du côté N-terminal de la boucle et délimitée par Asn^{330} et l'Asn^{359}, contient le site de phosphorylation. La seconde, située du côté C-Terminal, délimitée par la Lys^{605} et l'Asp^{737} contribue au

repliement dans une conformation globale particulière constituée de 7 feuillets bêta parallèles associés à huit petites hélices alpha (figure I.11). Ce type de repliement se retrouve associé à des protéines capables de fixer et hydrolyser l'ATP (Hisano et al., 1998 ;Collet et al., 1998 ;Nardi-Dei et al., 1999;Stokes et al.,2000).
- **Site de fixation du Nucléotide** : (voir figure I.10 domaine N et figure I.12) La **zone N**, responsable de la fixation de l'ATP, est délimitée par Gln^{360} et l'Arg^{604} et représente la zone cytoplasmique la plus importante (~27kDa). Elle contient 7 feuillets bêta antiparallèles et 7 petites hélices alpha. 2 de celles-ci se retrouvent englobées au centre de cette structure (figure I.12). Cette zone comprend la Lys^{515} qui peut-être marqué préférentiellement par le F.I.T.C (Pick et al.,1981). Elle contient également la Lys^{492}, qui fixe l'adenosine triphosphopyridoxal (substitut de l'ATP) (Yamamoto et al,1989). Une structure cristallographique obtenu en présence de TNP-AMP (Toyoshima et al,2000) a permis la localisation du nucléotide près de la Phe^{482}.

Ces deux zones sont impliquées dans des modifications structurales lors de passage de la conformation E_1 à E_2. Ces modifications impliquent des réorientations globales de ces domaines par rapport à leurs positions relatives (Toyoshima et al. ; 2000,2002 ; Xu et al.,2002).

I.4.1.2.3 Zone membranaire C-Terminal :

Le domaine C-terminal est délimitée par la Phe^{740} du côté N-terminal et s'étend jusqu'à la fin de la séquence. Il contient 6 hélices alpha trans-membranaires, la position par rapport à l'interface lipide/eau de chacune de ces hélices est proche de la perpendicularité pour la majeure partie d'entre elles (sauf M10). M6, possède une déstructuration locale induisant une rupture de sa structure hélicoïdale. M5 est constitué de 38 acides aminés, d'une longueur totale équivalent à presque deux fois l'épaisseur membranaire (~60Å). Il pénètre profondément, avec sa zone C-terminale, dans le cœur de la zone cytoplasmique P (voir figure I.13). Ceci le positionne comme candidat idéal de transducteur de signal trans-membranaire afin de propager l'information de phosphorylation à la zone membranaire. Les 6 segments hélicoïdaux semblent entourer M5 de façon à la protéger de l'environnement lipidique.

I.4.1.2.4 Zone de fixation du Ca^{++} : (E_1 uniquement)

Le modèle présenté par l'équipe de Toyoshima possède l'avantage d'avoir été obtenu en présence de ligands spécifiques de la Ca^{++}-ATPase. Les deux ions Ca^{++} fixés par celle-ci sont présents dans la zone membranaire au niveau de deux sites de fixation distincts (voir figure I.14). Ils sont entourés et protégés de l'environnement lipidique par une série de segments trans-membranaires. Ces segments sont au nombre de 4 : M4,M5,M6 et M8 (figure I.15). La coordination de ces ions, et donc leur stabilisation au sein de la membrane, se fait par l'intermédiaire de doublets non liants d'atomes d'oxygènes placés sur certains acides aminés de ces différentes hélices. Nous pouvons répertorier ainsi l'Asn^{768} et le Glu^{771} de M5, le Thr^{799} et l'Asp^{800} de M6 ainsi que le Glu^{908} de M8 pour le premier atome de Ca^{++}. La contribution de ces différents acides aminés dans la formation d'un site de fixation ionique avait déjà été proposé sur base de travaux de mutagenèse dirigée (Clarke et al.,1989). La déstructuration particulière de M6, au niveau de l'Asp^{800}, permet à ces acides aminés de participer à la coordination via un doublet non liant provenant d'atomes d'oxygènes situés sur les chaînes latérales. La coordination de cet atome de Ca^{++} se fait donc, au niveau du premier site de fixation, avec une contribution apportée par 3 hélices.

La coordination du second ion Ca^{++}, positionné dans le second site de fixation, se fait principalement par l'intermédiaire du segment M4. Nous pouvons répertorier pour celui-ci les acides aminés suivants Val^{304}, Ala^{305} et Ile^{307}, coordinant le Ca^{++} via la fonction carbonyle de leur chaîne principale, et le Glu^{309} provenant de M4. L'Asn^{796} et l'Asp^{800}, provenant de M6, complètent ce site en coordinant l'ion Ca^{++} via un atome d'oxygène de leur chaîne latérale. Il est à remarquer que comme dans le cas du premier site, cette coordination n'est possible que par le fait qu'il existe une déstructuration particulière au milieu de M4 (Ile^{307}-Gly^{310}). Cette déstructuration contient également le motif particulier PEGL, motif extrêmement conservé chez les P-ATPases et connu pour son rôle important dans la transduction énergétique (Clarke et al.,1989 ;Møller et al.1996).

I.5 Conclusion :

Au vu des différents résultats obtenus à l'heure actuelle sur la H^+,K^+-ATPase ainsi que sur d'autres P-ATPases, il semble qu'un même mode fonctionnel basé sur le modèle E_1-E_2 puisse être envisagé pour l'ensemble des protéines issues du groupe des P-ATPases. Le modèle de cycle catalytique simple E_1-E_2 ne permet cependant pas une compréhension moléculaire du phénomène de couplage, entre la réaction de phosphorylation et celle de transport. L'analyse des structures cristallines obtenues pour la Ca^{++}-ATPase fait apparaître l'existence de deux conformations différentes au cours du cycle catalytique. Celles-ci possèdent des sites de fixations ioniques et de phosphorylations propres. Ceci peut expliquer les différences d'affinités vis-à-vis des substrats. Néanmoins, les différences de structure existant entre les deux structures principales E_1 et E_2 ne peuvent pas expliquer à elles seules l'activité de transport observée. Le phénomène de transport implique vraisemblablement une série de modifications structurales de faibles importances ayant lieu à toutes les sous-étapes du cycle catalytique.

La topologie membranaire de la H^+,K^+-ATPase semble posséder des homologies avec celles présentes pour d'autres P-ATPases telles que la Na^+,K^+-ATPase et la Ca^{++}-ATPase. De nombreux résultats mettent en évidence des similitudes au niveau du profil d'hydrophobicité de ces P-ATPases ainsi que l'existence de comportements similaires de certains segments trans-membranaires. Une topologie membranaire commune est donc parfaitement envisageable. Bien que les segments M9 et M10 n'aient jamais pu être isolés à l'heure actuelle, leur existence reste parfaitement envisageable et même confortée par certains résultats obtenus par la voie génétique. Ces résultats sont antérieurs aux structures R.X obtenues sur la Ca^{++}-ATPase et démontrant l'existence sur cette protéine de 10 segments trans-membranaires. Ceux-ci confortent l'idée du modèle à 10 segments trans-membranaires commun déjà énoncé dans le cas des P-ATPases du groupe 2.

II Objectif et stratégie :

L'objectif de ce travail est d'atteindre une meilleure compréhension, au niveau moléculaire, des mécanismes structuraux régissant le couplage de l'hydrolyse d'ATP et du transport d'ions au travers de la membrane. Plus précisément, nous nous intéresserons à l'aspect structural des différentes modifications, ayant lieu lors de la transition entre les deux conformations principales E_1 et E_2, présentes pour la zone membranaire. Afin d'arriver à notre objectif, nous tenterons de comprendre comment les modifications structurales opérées sur la large boucle cytoplasmique peuvent se répercuter sur la zone membranaire responsable de la fixation ionique.

Pour ce faire, notre approche expérimentale sera décomposée en deux parties principales. La première fera appel à une technique de protéolyse extensive suivie d'une étude topologique théorique basée sur le profil d'hydrophobicité ainsi qu'une procédure de prédiction de segments trans-membranaires. Ceci nous permettra d'isoler et de positionner sur la séquence de la H^+,K^+-ATPase les segments trans-membranaires impliqués dans des modifications structurales au cours de la transition entre les deux conformations principales. Les résultats obtenus dans cette partie seront vérifiés sur les segments trans-membranaires, purifiés et réinsérés dans des liposomes, par des techniques de spectroscopie infra rouge en mode de réflexion totalement atténuée (ATR-IR). La seconde partie de notre travail portera sur l'identification ainsi que la localisation des modifications structurales, opérées lors de cette transition, sur la zone membranaire liées au processus de fixation ionique. Pour ce faire nous générerons, sur base des résultats obtenus dans la première partie de ce travail, des modèles tridimensionnels de la sous-unité alpha de la H^+,K^+-ATPase représentant les deux intermédiaires structuraux principaux. Nous localiserons et identifierons sur ceux-ci, par une procédure de détection de site fixations ioniques (procédure « C.B.V.S »), les acides aminés formant les sites de fixations ioniques présents sur chacune des conformations principales. Nos modèles seront vérifiés par recoupement avec des résultats topologiques expérimentaux ainsi que par une procédure théorique de validation de structures.

Nous espérons ainsi pouvoir comprendre comment les modifications de topologie membranaire, identifiées par trypsinolyse et subies par celle-ci au cours du cycle catalytique, peuvent expliquer le phénomène de fixation ionique et par-là le mécanisme de transport d'ions au travers de la membrane. L'approche expérimentale globale de notre étude peut donc se résumer à ceci :

1. **Partie 1** : identification et localisation des segments trans-membranaire impliqués dans une modification structurale au cours du cycle catalytique :

- Identification et détermination des différentes modifications structurales de la zone membranaire de la sous-unité alpha de la H^+,K^+-ATPase par des techniques de protéolyses extensives.
- Identification et positionnement des différents segments trans-membranaires de la sous-unité alpha de la H^+,K^+-ATPase impliqués dans une modification structurale, à l'aide de l'élaboration d'un modèle d'insertion membranaire obtenu sur base d'une étude du profil d'hydrophobicité couplée à une procédure de prédiction de segments trans-membranaire. La structure cristalline de la Ca^{++}-ATPase servira ici d'outil de calibrage.
- Etude spectroscopique en ATR-FTIR des peptides purifiés par H.P.L.C, réinsérés dans des liposomes d'asolectine et identifiés lors des différentes protéolyses, afin de vérifier leur potentiel d'insertion membranaire ainsi que les structures secondaires associées.

Objectif et stratégie

2. **Partie 2** : identification et localisation des modifications structurales présentes pour la zone membranaire de la H^+,K^+-ATPase responsable de la fixation ionique:

- Elaboration d'un modèle structural tridimensionnel, pour les deux intermédiaires principaux présents au cours du cycle catalytique de la H^+,K^+-ATPase, à l'aide de l'interface de modélisation Deep-View 3.7.
- Identification et localisation des sites de fixations ioniques, ainsi que des résidus y participant sur les deux modèles tridimensionnels obtenus, à l'aide de la procédure d'identification théorique de sites de fixations ioniques « C.B.V.S » (Müller et al.,2003).

III Résultats et discussions :

III.1 Topologie membranaire des principaux intermédiaires catalytiques de la H^+,K^+-ATPase.

III.1.1 Introduction :

Comme nous l'avons vu dans l'introduction, de nombreux modèles représentant l'insertion membranaire de la H^+,K^+-ATPase ont été proposés. Ceux-ci privilégient un nombre de segments trans-membranaires pair égal à 8 ou 10. A l'heure actuelle aucun résultat expérimental ne permet de trancher entre ces deux modèles de manière indiscutable (Shull et Lingrel 1986, Sachs et al,1992 ;Besançon et al. 1993 ;Bamberg et al.,1994). La première partie de ce travail passe donc par la validation d'un modèle topologique précis pour la sous-unité alpha de la H^+,K^+-ATPase. Nous espérons ainsi pouvoir conforter notre hypothèse de départ, concernant l'existence d'un motif commun d'insertion membranaire, pour la classe des P-ATPases.

La H^+,K^+-ATPase faisant partie du groupe des P-ATPases est caractérisée par l'existence d'intermédiaires structuraux différents au cours du cycle catalytique (Helmish-de-Jong et al.,1987 ;Brzezinski et al,1988 ;Gasset et al.,1997). Le mécanisme régissant le transport d'ions au travers de la membrane, effectué par ce groupe d'enzyme, n'est pas encore connu à l'heure actuelle. Néanmoins, l'importance des segments trans-membranaires dans ce phénomène n'est plus à démontrer. En effet, ceux-ci peuvent être considérés comme les principaux éléments responsables de l'une des deux étapes indispensables au mécanisme de transport d'ions au travers de la membrane, à savoir, la fixation d'ions. Le phénomène de transport d'ions au travers de la membrane peut se résumer en deux étapes principales. La première est la fixation et l'hydrolyse de l'ATP qui permet l'apport de l'énergie nécessaire au phénomène de transport. La seconde est la fixation et l'acheminement en zone membranaire des ions transportés. C'est lors de cette seconde étape qu'interviennent, bien évidemment, les segments trans-membranaires.

La première partie de ce travail portera, plus précisément, sur l'étude topologique des principaux intermédiaires structuraux de la sous-unité alpha de la H^+,K^+-ATPase au cours de son cycle catalytique. Ceci permettra de tenter d'identifier les zones membranaires susceptibles d'être impliquées dans des modifications de structure. Afin de réaliser cette identification, nous allons effectuer une série de protéolyses sur la H^+,K^+-ATPase placée dans l'une ou l'autre des conformations principales présentes au cours du cycle catalytique. Ces différentes conformations seront obtenues par l'ajout de différents ligands spécifiques connus pour induire l'une ou l'autre conformation. L'isolement ainsi que l'analyse des zones protégées de l'action protéolytique et associées aux membranes se fera par électrophorèse sur gel d'acrylamide Tris-Tricine. Ceci nous permettra, par séquençage des fragments ainsi obtenus et isolés, de définir sur la séquence de la H^+,K^+-ATPase, les zones de celle-ci associées à la membrane lipidique et impliquées dans des changements de conformations. Une fois les zones peptidiques associées aux membranes et impliquées dans de telles modifications identifiées, nous effectuerons une analyse topologique membranaire théorique afin de localiser les segments trans-membranaires potentiels de la sous-unité alpha de la H^+,K^+-ATPase. Cette analyse topologique consistera en une analyse du profil d'hydrophobicité couplée à une procédure de détermination prédictive de segments trans-membranaires par une approche informatisée. Le recoupement des résultats obtenus dans la première partie avec ceux obtenus lors de cette étude topologique théorique, nous permettra de proposer un modèle d'insertion membranaire. Nous pourrons ainsi localiser sur celui-ci les changements

Résultats et discussions

structuraux associées aux segments trans-membranaires et intervenant dans l'enzyme au cours de son cycle catalytique. Nous tenterons ensuite de vérifier le potentiel d'insertion membranaire ainsi que la structure secondaire des segments trans-membranaires, isolés lors de nos protéolyses et identifiés à l'aide de notre modèle d'insertion membranaire, par une procédure de spectroscopie infra-rouge « ATR-IR ». Celle-ci sera effectuée sur les peptides, représentant les segments trans-membranaires purifiés et réinsérés dans un environnement lipidique. Ceci nous permettra de proposer une série de segments trans-membranaires impliqués dans des modifications de structure ayant lieu en zone membranaire et probablement liés au phénomène de fixation ionique conduisant, par l'intermédiaire de la formation des différents intermédiaires structuraux présents au cours du cycle catalytique de la H^+,K^+-ATPase, au phénomène de transport d'ions au travers de la membrane.

III.1.2 Isolement des parties protéiques associées à la membrane :

Le but de la protéolyse est de cliver les parties non membranaires de la H^+,K^+-ATPase et d'isoler des vésicules lipidiques ne contenant plus que les domaines protéiques de celle-ci associés à la membrane. Afin de localiser les changements structuraux intervenant entre les conformations principales de la H^+,K^+-ATPase, nous avons opté pour une protéase spécifique : la trypsine. Les sites de clivages générés par celle-ci sont spécifiquement localisés juste après une Arginine ou une Lysine. Si les modifications affectent l'accessibilité d'une arginine ou d'une lysine à la protéolyse, elles se manifesteront par l'obtention de fragments trypsiques de tailles différentes. Un séquençage des peptides ainsi isolés permet la localisation de ceux ci sur la séquence de la H^+,K^+-ATPase, et l'identification des sites protéolytiques ayant subit une modification d'accessibilité à la protéase. Nous avons opté pour un clivage protéolytique n'affectant que la partie extra cytoplasmique. De cette manière, nous générons des fragments constitués de deux segments trans-membranaires et diminuons le risque de générer des fragments de tailles trop proches et difficilement séparables plus tard. Le maintien d'un équilibre entre la pression osmotique interne et externe, des tubulovésicules contenant la H^+,K^+-ATPase insérée en mode « right side out », permet de maintenir le caractère scellé de celles-ci (voir figure III.1) (Swarts et al.,1991). Cette orientation particulière de la H^+,K^+-ATPase place donc la large boucle catalytique de celle-ci à l'extérieur des tubulovésicules. Les tubulovésicules ayant subit la protéolyse sont ensuite séparés de tous les éléments non associés à la membrane par centrifugation. Les fragments peptidiques associés à la membrane des tubulovésicules ainsi obtenus sont ensuite marqués à l'aide d'un marqueur fluorescent le P.C.M (marqueur fluorescent dérivé de la coumarine et se fixant sur les cystéines). La présence de P.C.M fixé aux peptides issus de la protéolyse et associés à la membrane des tubulovésicules permet de les visualiser sous lumière ultraviolette. Cette procédure permet en outre d'éviter une coloration du gel d'acrylamide par une technique non compatible, telle que la coloration à l'argent, avec les procédures de séquençages.

III.1.3 Cinétique de protéolyse :

La protéolyse a été arrêtée à différents temps s'étalant de quelques minutes à plusieurs heures. De par la composition atypique en acide aminé des segments trans-membranaires (Görne et Tschelnokow et al.,1994), la quantité de protéines associées aux vésicules après protéolyse ne peut pas être déterminée par des techniques de dosages colorimétriques classiques. Elle peut au contraire être suivie par la technique spectroscopique « ATR-FTIR ». En effet, l'évaluation des rapports des surfaces des pics des lipides (C=O à ~1730 cm^{-1}) et des protéines (C=O à ~1650 cm^{-1}) sur un spectre d'absorption en infra rouge est une méthode fiable pour suivre le rapport lipide/protéine (Raussens et al.,1997). Cette mesure est proportionnelle au nombre de liens peptidiques. La figure III.2 rapporte le pourcentage de protéines résiduelles contenu dans les vésicules associées à différents temps de digestion. La

Résultats et discussions

courbe ainsi obtenue peut-être décrite par une bi-exponentielle décroissante. Ceci laisse supposer une dégradation à deux vitesses, dont la première est beaucoup plus rapide que la seconde. En effet, la première résulte d'une protéolyse rapide d'à peu près 30% de la protéine. La constante de temps de cette première réaction est de 9 minutes. Après 45 minutes il ne subsiste que 0.7% de cette composante non hydrolysée ($e^{-45/9}$=0.7%). La seconde composante est de l'ordre de 20 heures. Dans nos conditions de digestion (voir matériels et méthodes) moins de 1% de la composante lente est hydrolysée après 45 minutes. Le profil de digestion reste stable sur une durée de 48 heures. Ceci suggère que la digestion est stable et atteint quasi un équilibre après 45 minutes. L'obtention, après 45 minutes, de cet état réactionnel stationnaire, permet de nous considérer en condition de protéolyse extensive puisque qu'aucun autre peptide n'est produit de manière significative au-delà de ce temps de réaction.

III.1.4 Trypsinolyse de la conformation principale E_1 :

La protéolyse effectuée sur la H^+,K^+-ATPase a été réalisée en absence de K^+ (voir matériels et méthodes). Dans ces conditions, la H^+,K^+-ATPase se retrouve dans la conformation E_1. Cette conformation se caractérise par une haute affinité vis-à-vis de l'ATP et l'exposition du site de fixation pour le H^+ du côté cytoplasmique (voir § I.2.1). Le maintien de la condition iso-osmotique permet de n'avoir accès, lors de la protéolyse, qu'à la partie se trouvant à l'extérieur des vésicules contenant le H^+,K^+-ATPase. Comme ces vésicules se trouvent sous la forme « right-side out », nous aurons ainsi accès aux boucles cytoplasmiques uniquement. Dans ces conditions expérimentales la protéolyse de la conformation E_1 génère un certain nombre de peptides identifiés par une série de bandes fluorescentes présentes sur un gel Tris-Tricine. Puisque nous nous intéressons principalement aux segments trans-membranaires associés à la membrane nous ne nous attarderons qu'aux masses apparentes inférieurs à 15 kDa (voir figure III.3 Ligne A). Le séquençage des différentes bandes présentes dans cette zone du gel a permis de mettre en évidence 3 bandes contenant chacune un peptide majoritaire faisant partie de la sous-unité alpha de la H^+,K^+-ATPase. La séquence N-terminale de ces différents peptides est présentée sur le tableau III.4. De par leurs masses apparentes (variant de 13kDa à 6.5kDa) compatibles avec l'existence d'une paire de segments trans-membranaires par peptide, nous pouvons nous attendre à la présence d'au moins 6 segments trans-membranaires. La bande à 5 kDa est donc constituée par un peptide commençant à l'Asn^{793} et s'étendant, d'après sa masse apparente, jusqu'à la Lys^{836}. La bande à 9-10 kDa est constituée d'un seul peptide commençant à la Thr^{292} et s'étendant probablement, toujours sur base de sa masse apparente, jusqu'à la Lys^{387}. La dernière bande à 13 kDa, quant à elle, est constituée d'un peptide débutant à la Leu^{854} et s'étendant probablement jusqu'à l'Arg^{965}.

III.1.5 Tryspinolyse de la conformation principale E_2-K :

La présence de K^+ induit la conformation principale E_2. Cette conformation se distingue par une faible affinité pour l'ATP et l'exposition de sites de fixations pour le K^+ du côté extra-cytoplasmique (voir § I.2.1). La proportion de protéines éliminées par la protéolyse et mesurée par spectroscopie ATR-FTIR n'est pas différente de celle obtenue pour la conformation E_1. La protéolyse se déroule donc d'une manière similaire pour les deux états représentant les conformations principales présentes au cours du cycle catalytique. La digestion sur cette conformation a été effectuée en présence de 10,25,50,100, et 150 mM KCl (voir matériels et méthodes). Toutes les concentrations en KCl choisies génèrent le même profil de digestion que celui présenté sur la figure III.3 ligne B. La protéolyse de la conformation E_2-K^+ génère un profil de digestion, pour la zone située sur le gel d'acrylamide à des masses apparentes inférieures à 15 kDa, différent de celui obtenu sur la conformation E_1. Deux nouvelles bandes apparaissent à respectivement 10.5 kDa et 12 kDa, tandis que les bandes à 5 kDa et 9 kDa identifiées lors de la trypsinolyse de la conformation E_1 disparaissent. Une bande à 13 kDa, similaire à celle obtenu sur la conformation E_1 est également générée lors de cette protéolyse en condition E_2. Le séquençage de ces fragments tryptiques a pu démontrer leur appartenance à la sous-unité alpha de la H^+,K^+-ATPase. La séquence N-terminale de ces différents fragments est présentée sur le tableau de la figure III.4. Ces résultats indiquent que la protéolyse de la conformation E_2 produit 3 bandes contenant au total 4 fragments détectables et associés à la membrane des vésicules. De par leurs masses apparentes (variant de 13 kDa à 10.5 kDa), nous pouvons nous attendre à être en présence d'au moins 8 segments trans-membranaires. La bande à 10.5 kDa est constituée par un peptide commençant à l'Asn^{754} et s'étendant probablement jusqu'à la Lys^{836}. La bande à 12 kDa est constituée de 3 peptides. Le premier commence à l'Asn^{754}. C'est le même peptide que celui présent dans la bande à 10.5 kDa mais dans ce cas il s'étend au-delà de la Leu^{854}. Le second commence à l'Ile^{280} et s'étend probablement jusqu'à l'Arg^{395}. Le dernier peptide présent dans cette bande à 12 kDa commence à la Gly^{95} pour s'étendre probablement jusqu'à l'Arg^{214}. Il est intéressant de remarquer que la protéolyse de la conformation E_1 n'avait pas permis la mise en évidence d'un peptide représentant la partie N-terminale de la sous-unité alpha. La dernière bande à 13 kDa est composée quant à elle de deux peptides. Le premier commençant à la Gly^{95} et se terminant probablement à la Lys^{222} est similaire à celui obtenu dans la bande à 12 kDa mais allongé au niveau du côté C-terminal. Le second quant à lui est identique à celui trouvé dans la même bande à 13 kDa identifiée après trypsinolyse de la conformation E_1. La trypsinolyse de la conformation E_2-K^+ génère donc un couple de segments potentiellement trans-membranaires qui n'apparaît pas sous la conformation E_1. L'obtention de 8 segments trans-membranaires est parfaitement compatible avec les différents modèles topologiques disponibles actuellement. Ceux-ci privilégient un nombre de segments trans-membranaires pair allant de 8 à 10 (Shull et Lingrel 1986, Sachs et al,1992 ;Besançon et al. 1993 ;Bamberg et al.,1994).

III.1.6 Trypsinolyse de la conformation intermédiaire E_2-VO_4^{3-} :

Les ATPases de type P sont très sensibles à l'inhibition par le vanadate (VO_4^{3-}). Le vanadate peut être considéré comme un analogue du Phosphate inorganique (PO_4^{3-}) (Duman et al.,2002). Dès lors la conformation adoptée par la H^+,K^+-ATPase en présence de cet inhibiteur devrait refléter l'état de phosphorylation de la sous-unité alpha. Le profil de digestion observé (voir figure III.3 ligne C) dans ces conditions (présence de VO_4^{3-}) est similaire, pour les peptides de masse apparente inférieure à 15 kDa, à celui obtenu pour la conformation E_2-K^+ (voir figure III.3 ligne B,E). Nous avons appelé cette conformation E_2-VO_4^{3-}. Comme pour la conformation E_2, le profil de digestion fait apparaître 3 bandes à respectivement 10.5 kDa,12 kDa, et 13 kDa. En plus de ces bandes apparaît une bande nouvelle et intense à 15 kDa ainsi qu'une bande à 9-10 kDa. La faible bande présente à 5 kDa contient uniquement un fragment de trypsine. Ce fragment de trypsine avait également été identifié sur la conformation E_1. La bande à 9-10 kDa est constituée de deux fragments majoritaires. Le premier commençant à Thr^{292} et s'étendant probablement jusqu'à la Lys^{387}. Le second commençant à l'Asn^{754} et s'étendant probablement jusqu'à la Lys^{836}. La bande à 12 kDa est quant à elle constituée de trois fragments majoritaires. Le premier commence à l'Asp^{574} et devrait s'étendre jusqu'à l'Arg^{693}. Le second commence à Gly^{95} pour s'étendre probablement jusqu'à l'Arg^{254}. Le dernier fragment de cette bande commence à l'Asn^{754} et s'étend probablement jusqu'à la Lys^{836}. Dans la bande à 13 kDa nous avons pu mettre en évidence deux fragments. Le premier commence à la Leu^{854} et devrait s'étendre jusqu'à l'Arg^{963}. Le second commençant à l'Asp^{574} est probablement le même que celui identifié dans la bande à 12 kDa mais possédant une terminaison C-terminale un peu plus longue. La bande intense à 15 kDa est constituée d'un fragment commençant au Glu^{49} et s'étendant d'après sa

Résultats et discussions

masse apparente jusqu'à l'Arg^{214}. Il s'agit du même peptide que celui mis en évidence dans la bande à 12 kDa sur la protéolyse E_2-K^+, mais dans ce cas, la terminaison N-terminale semblerait être plus longue de 46 acides aminés. Une légère modification d'accessibilité à donc vraisemblablement eu lieu pour cette zone entre la conformation E_2 et la conformation E_2-VO_4^{3-}. Globalement les peptides générés par la trypsinolyse de cette conformation recoupent ceux obtenus sur la conformation E_2, mais l'un d'entre eux est identique à l'un de ceux obtenus sur la conformation E_1. Il semble donc que les modifications d'accessibilités présentes sur cette conformation, pour la zone membranaire, soient un mélange de celles identifiées sur les deux conformations principales E_1 et E_2.

III.1.7 Trypsinolyse des conformations intermédiaires:

Nous avons réalisé la protéolyse dans d'autres conditions connues pour induire également l'une ou l'autre des conformations principales. Il s'agit de la présence d'ATP induisant la conformation E_1 (Helmich de Jong 1987) et la présence de VO_4^{3-} et K^+ devant induire la conformation E_2 (Rabon et al. 1993). Le profil de digestion obtenu en présence d'ATP, pour la zone représentant des peptides de masse inférieure à 15 kDa, (figure III.3 ligne D) est similaire à celui généré sous les conditions E_1 (absence complète de ligands). Ceci nous a poussé à appeler cet intermédiaire E_1-ATP. Celui obtenu pour les conditions Vanadate-Potassium (figure III.3 ligne E) est similaire à celui obtenu en présence de K^+ (E_2-K^+), nous avons donc appelé cet intermédiaire E_2-VO_4^{3-}-K^+. Nos résultats sont en accord avec l'hypothèse que le Vanadate tirerait effectivement l'équilibre de conformation des peptides trans-membranaires vers la forme E_2. Les peptides générés sur les conformations liant le vanadate sont principalement ceux identifiés sur la conformation E_2. En conclusion, nous pouvons donc, sur base des peptides générés lors de ces protéolyses, dire que le cycle catalytique peut être défini du point de vue topologique membranaire par 2 classes d'intermédiaires structuraux différentes. Les autres intermédiaires structuraux sont visiblement, du point de vue topologique membranaire, constitués de structures possédant les caractéristiques (définies par l'accessibilité des segments trans-membranaires au processus de trypsinolyse) des deux intermédiaires principaux E_1 et E_2.

III.2 Prédiction des domaines trans-membranaires et algorithmiques :

III.2.1 Introduction :

La procédure de trypsinolyse décrite ci-dessus ne permet pas à elle seule la proposition d'un modèle décrivant l'insertion membranaire stricte de la sous-unité alpha de la H^+,K^+-ATPase. En effet, la trypsine ne génère pas nécessairement des peptides représentant strictement les segments trans-membranaires. Différentes parties des boucles joignant chacune des paires de segments sont présentes sur les peptides isolés jusqu'ici. Une imprécision concernant la séquence exacte des zones strictement membranaires subsiste donc. De plus, les résultats de trypsinolyse ne nous ont pas permis l'obtention d'un nombre de peptides validant sans ambiguïté l'un ou l'autre des modèles topologiques décrivant l'insertion membranaire de la sous-unité alpha de la H^+,K^+-ATPase. Dès lors un modèle topologique incluant 10 segments trans-membranaires pour le cas de la H^+,K^+-ATPase reste hypothétique.

Dans cette partie du travail, nous allons utiliser une analyse du profil d'hydrophobicité ainsi que des méthodes de prédiction structurale afin de proposer un modèle d'insertion membranaire de la sous-unité alpha de la H^+,K^+-ATPase. La disponibilité de la structure cristalline de la Ca^{++}-ATPase (1EUL) va se révéler être d'un grand intérêt. En effet, le choix des différents paramètres définissant les profils d'hydrophobicité étant critique et difficile, nous nous proposons ici d'utiliser dans un premier temps cette protéine, proche de la H^+,K^+-ATPase, pour établir quels paramètres et quelle combinaison de ceux-ci génèrent les meilleurs prédictions pour la Ca^{++}-ATPase. Dans un second temps, nous utiliserons les paramètres ainsi déterminés pour l'étude de la H^+,K^+-ATPase. Nous pensons que cette approche en deux étapes, utilisant la Ca^{++}-ATPase comme outil de calibrage, permet de résoudre le problème rencontré dans toutes les procédures de prédiction ou de modélisation, à savoir l'utilisation de paramètres mal adaptés.

La comparaison des résultats de cette étude topologique théorique et de nos résultats de trypsinolyse permettra l'obtention d'un modèle topologique bidimensionnel d'insertion membranaire de la sous-unité alpha de la H^+,K^+-ATPase et par-là la proposition des zones membranaires strictes présentes sur la séquence de la H^+,K^+-ATPase . La mise en commun de données expérimentales et théoriques devrait nous permettre d'augmenter la crédibilité de l'étude topologique.

III.2.2 Profil d'hydrophobicité :

Cette approche se divise en 4 parties et portera sur l'analyse du caractère hydrophobe de chacun des acides aminés constituant la sous-unité alpha de la H^+,K^+-ATPase. Cette analyse nous permettra de mettre en évidence les zones protéiques de la séquence possédant un caractère hydrophobe suffisant et compatible avec l'hypothèse d'une insertion membranaire. La première s'attardera à déterminer quel type d'index permet une mise en évidence optimale des pics d'hydrophobicité présents. La seconde s'attardera à déterminer les paramètres optimaux pour un index choisi. La troisième s'attachera à les appliquer à la séquence de la Ca^{++}-ATPase comme contrôle. Finalement, ils seront dans la quatrième partie appliqués à la sous-unité alpha de la H^+,K^+-ATPase.

III.2.2.1 Introduction théorique :

Il est possible de tracer différents profils, sur base de la séquence d'une protéine, nous permettant l'obtention d'une représentation graphique de certains paramètres associés à chacun des acides aminés la constituant. Ces profils sont définis par rapport à divers paramètres tels que la flexibilité, l'accessibilité, l'hydrophobicité ou le potentiel d'hydratation. La plupart de ces paramètres sont dérivés de mesures obtenues expérimentalement. Nous pouvons citer le coefficient de partage entre phase aqueuse et phase organique, le temps de rétention sur colonne HPLC. Ils peuvent également être calculés à partir des structures cristallines de protéines connues (flexibilité (facteur B), accessibilité..). Un profil d'index MP(i) est une représentation graphique qui calcule pour chacune des positions dans la séquence i la valeur pondérée d'un paramètre p(i) pour une région du polypeptide centrée autour de la position i. Dans le cas le plus simple ceci peut être résumé par l'équation suivante :

$$MP(i) = \frac{1}{2m+1} \sum_{j=i-m}^{j=i+m} p(j) \quad \text{(eq 1)}$$

où p(j) est la valeur du paramètre p pour l'acide aminé en position j. Cette équation décrit une moyenne centrée sur une fenêtre de longueur de (2m+1). Nous pouvons classer les paramètres utilisés en deux catégories :

1. **hydrophilicité, accessibilité, flexibilité** : Ces paramètres caractérisent des acides aminés susceptibles d'être localisés à la surface des protéines (Hoop et Woods ,1981 ; Parker et al.,1986)
2. **hydrophobicité, hydropathie** : Ces paramètres caractérisent des acides aminés susceptibles d'être à l'intérieur de la molécule ou dans un environnement apolaire (Kyte et Doolittle,1982).

L'analyse du profil d'hydrophobicité définit la prédisposition de certaines zones de la séquence à être stabilisées par un environnement apolaire. D'autres segments transmembranaires pourraient également être stabilisés par un reploiement de la structure protéique induisant localement une telle propriété. Pour lever cette ambiguïté, nous ferons appel à une méthode de prédiction algorithmique de segments trans-membranaires. Cette méthode assemble des algorithmes de prédiction de structure et des algorithmes d'analyse de la répartition du caractère hydrophobe. La prédiction de structures secondaires se base sur la probabilité de participation d'un acide aminé à une structure donnée. Les statistiques sont établies à partir de valeurs expérimentales obtenues sur base de structures cristallines connues (Chou et Fasman, 1978 ; Gibrat et al, 1987 ; Gascuel et Golmart, 1988). L'analyse de la répartition spatiale de l'hydrophobicité permet quant à elle de mettre en évidence une périodicité dans la répartition des chaînes latérales hydrophobes, et par là même la mise en évidence d'un caractère amphipatique des structures secondaires (Eseinberg et al.,1984).

Le développement de nouveaux algorithmes tenant compte des différents paramètres tels que le voisinage direct des acides aminés impliqués dans de telles structures, ainsi que leur pondération statistique, permet d'obtenir de prédictions structurales pouvant atteindre un taux de fiabilité de l'ordre de 70% (Rost et Sander, 1995 ; Rost et al., 1997). A l'heure actuelle, les différents algorithmes disponibles pour prédire la structure secondaire posent encore problèmes lors de leur application aux séquences de protéines membranaires. Ceci est probablement dû à la difficulté d'obtenir des structures cristallines pour ces protéines et donc une banque de donnée structurale représentative associée. Néanmoins, dans le domaine stricte de la prédiction de structures associées aux domaines trans-membranaires, un taux de fiabilité de plus de 85% à déjà à l'heure actuelle été atteint (Rost et al., 1995, 1996). Les banques de données actuelles et les serveurs associés permettent d'utiliser de nombreux algorithmes différents. De par leur nombre sans cesse croissant et de par leur complexité grandissante, il

Résultats et discussions

nous est impossible ici de les citer tous. A l'heure actuelle ces algorithmes offrent des ressources intéressantes que nous avons utilisées au cours de ce travail.

III.2.2.2 Choix des paramètres d'analyse d'hydrophobicité :

Afin d'optimiser notre analyse, nous allons dans un premier temps tenter de fixer les différents paramètres susceptibles d'influencer le profil d'hydrophobicité. Afin de déterminer lequel des index disponibles est le plus approprié pour établir le profil d'hydrophobicité et la position de segments trans-membranaires de la H^+,K^+-ATPase, nous allons dans un premier temps rechercher ceux qui permettent la meilleure description des segments trans-membranaires de la Ca^{++}-ATPase. Une fois le type d'index optimal identifié, il nous restera à optimiser le calcul du profil. En effet, afin de diminuer le bruit résultant des modifications d'hydrophobicités locales le long de la séquence, la valeur MP(i) est moyennée sur une fenêtre. La longueur ainsi que la forme de celle-ci détermine le profil final obtenu. Ce procédé permet de lisser le profil, et permet ainsi une meilleure localisation des pics représentants les segments trans-membranaires potentiels. Néanmoins ce procédé mathématique peut provoquer une perte d'information locale au profit d'une information plus globale. Ce procédé de lissage, purement mathématique, ne tient pas compte de l'aspect spatial de la répartition de l'hydrophobicité. Ceci est particulièrement vrai dans le cas d'un segment trans-membranaire, qui peut posséder une structure hautement ordonnée. Une solution alternative existe et sera d'ailleurs testée dans la suite de ce travail. Il s'agit de faire subir au profil d'hydrophobicité un traitement mathématique tenant compte par exemple du moment d'hydrophobicité présent localement. Dans le cas idéal, représenté par un segment trans-membranaire, en structure hélicoïdale, inséré au sein d'une bicouche lipidique et possédant également des boucles extra-membranaires, il est possible d'imaginer une modification sensible du moment d'hydrophobicité entre les acides aminés situés en zone membranaire et ceux positionnés en zone extra-membranaire. Ceci pourrait être fortement marqué pour les acides aminés positionnés à l'interface membrane/eau. En effet, ceux-ci sont entourés idéalement d'acides aminés hydrophobes en direction du cœur de la membrane et d'acides aminés hydrophiles en direction de la phase aqueuse. Il existerait donc, dans un cas idéal, une discontinuité identifiable dans la répartition du caractère hydrophobe au niveau de l'interface membrane/eau. Bien que cette approche semble idéale, elle reste difficile à mettre en place. Le nombre de paramètres régissant ce genre d'étude est aussi grand et important que celui présent lors de l'étude du profil d'hydrophobicité. Nous pouvons citer également pour ce genre d'approche, le type d'échelle d'hydrophobicité, la taille de la fenêtre de calcul ainsi que les paramètres spatiaux inhérents à l'existence de structures secondaires. Dans le cas du type d'échelle, le choix se porterait bien évidemment vers celles issues de données structurales représentant la potentialité d'un acide aminé à se trouver en zone hydrophobe ou hydrophile. Dans cet optique nous pouvons citer entre autre l'échelle d'hydrophobicité de Janin (Janin J.,1979) ou celle de Eisenberg (Eisenberg 1984). L'aspect structurale est également important. En effet, la répartition spatiale de l'hydrophobicité ainsi que l'accessibilité effective des chaînes latérales des acides aminés varient grandement en fonction du type de structure secondaire adoptée (Lins et al.,2003). Tout ceci complique bien entendu l'approche. A l'heure actuelle certains algorithmes de prédiction de segments trans-membranaires utilisent cette approche. La traduction formelle de ces paramètres sous forme d'algorithme permet une utilisation plus aisée. Comme il s'agit de traitements automatisés, nous avons choisi de traiter de cet aspect dans un chapitre indépendant de celui-ci.

Le choix des paramètres de calcul du profil semble donc crucial. Nous proposons ainsi de l'optimiser pour la Ca^{++}-ATPase, considérée ici comme contrôle.

Résultats et discussions

III.2.2.2.1 Choix du type d'index :

Nous avons choisi lors du calcul du profil, 5 index différents représentant chacun une échelle d'hydrophobicité obtenue à partir de données expérimentales. Le graphique reporté dans la figure III.5, montre la superposition de différents profils d'hydrophobicité obtenus avec différents index. Sur celui-ci on peut voir un recouvrement majoritaire de la position des maximums représentant les pics les plus importants présents sur la séquence. Ceci indique que la position de pics majoritaires n'est que peu influencée par le choix du type d'index. Bien que la position des maximums semble être conservée, il n'en va pas de même pour la position des acides aminés délimitant ces pics. Nous pouvons remarquer que dans le cas d'un index de type Kyte et Doolittle (figure III.5), les limites des pics sont particulièrement proches de la position des acides aminés délimitant strictement les segments trans-membranaires. Ces limites strictes des segments trans-membranaires ont été obtenues sur base de la structure cristalline de la Ca^{++}-ATPase 1eul (Toyoshima et al.,2001) et selon l'approche de Lee et al. (Lee et al.,2002) (voir § I.4.1.2). Les meilleures prédictions sont obtenues dans ce cas pour les segments trans-membranaires M2, M7, M8, et M10 dont les positions terminales sont prédites avec moins de 4 acides aminés d'erreur en moyenne, ce qui représente à peu près un tour d'hélice d'erreur. Pour cet index, les autres segments trans-membranaires sont délimités avec une précision similaire à celle obtenue par l'entièreté des index testés. Une combinaison linéaire des différents profils d'hydrophobicité obtenus ne permet pas d'augmenter la résolution par rapport à celle obtenue par le profil basé sur l'index de Kyte et Doolittle. En effet le profil moyen, représentant une valeur d'index moyen basé sur différentes valeurs théoriques ne possède plus que trois segments trans-membranaires délimités avec une précision de l'ordre du tour d'hélice (3.6 acides aminés). Dans ces conditions, nous opterons dans la suite de ce travail pour un profil d'hydrophobicité obtenu sur base de l'index proposé par Kyte et Doolittle.

III.2.2.2.2 Choix du type de pondération et de la taille de la fenêtre :

La forme et la taille de la fenêtre de lissage peuvent influencer sensiblement la résolution graphique du profil calculé et ainsi l'identification des terminaisons représentant les segments trans-membranaires. La pondération (ou forme de la fenêtre) peut être de deux types : le premier, linéaire, attribue une même pondération à chaque acide aminé inclus dans la fenêtre de lissage. De cette manière, nous obtenons une moyenne courante pour l'acide aminé i (équation 1). La seconde, exponentielle, pondère de manière dégressive la contribution des acides aminés en fonction de leur éloignement par rapport à l'acide aminé i.

En ce qui concerne la pondération de type linéaire, nous pouvons constater sur la figure III.6 A, montrant les limites des pics d'hydrophobicités obtenus pour des profils utilisant une fenêtre de type linéaire, que les meilleurs résultats sont obtenus avec la plus petite fenêtre (5 acides aminés). La figure III.6 B, quant à elle, montre les limites des pics pour les profils utilisant une fenêtre de lissage de type exponentielle. Sur ce tableau nous pouvons constater que les meilleurs résultats sont obtenus avec une fenêtre de plus grande taille (11 acides aminés). Les résultats restent cependant insatisfaisants. Parmi un grand nombre de combinaisons de paramètres testés (non montrés) il nous est apparu que la moyenne arithmétique des profils obtenus avec des fenêtres exponentielles allant de 5 à 11 acides aminés donnait des résultats exceptionnellement bons dans le cas de l'analyse du profil d'hydrophobicité de la Ca^{++}-ATPase. Le tableau de la figure III.6 B montre que l'analyse du profil d'hydrophobicité obtenu sur base des valeurs moyennes obtenues permet de distinguer les terminaisons représentant les segments M5 et M6. C'est le seul profil, utilisant une fenêtre de lissage de type exponentielle, sur lequel nous avons pu obtenir un découplage des deux pics représentant potentiellement les segments trans-membranaires M5 et M6.

III.2.2.2.3 Choix de la limite de pondération :

Dans le cas d'une pondération exponentielle, un dernier paramètre peut être ajusté. La pondération décroît en fonction de l'éloignement par rapport à l'acide aminé (i) et ceci de manière symétrique par rapport à la position i. En position (i) la valeur sera de 100%, la décroissance de l'exponentielle est totalement définie par la valeur au bord de la fenêtre. Celle-ci peut raisonnablement être située entre 20% et 60%. Cette valeur est appelée ici « limite de pondération». Notre étude nous a amené à utiliser la valeur de 20%, car celle-ci génère les résultats les plus proches de la position des acides aminés délimitant la zone membranaire définie selon Lee et al.(2002).

III.2.2.3 Profil d'hydrophobicité optimisé obtenu pour la Ca^{++}-ATPase :

La figure III.7 représente le profil d'hydrophobicité obtenu pour la séquence de la Ca^{++}-ATPase avec comme paramètres ceux définis comme optimaux. Nous avons donc choisi, sur base de notre étude, une fenêtre de type exponentielle, une limite de pondération de 20%, et moyenné sur une largeur de fenêtre allant de 5 à 11 acides aminés. Les zones hydrophobes strictes représentant les segments trans-membranaires ainsi obtenus sont répertoriés dans le tableau de la figure III.9. Nous pouvons remarquer sur ce tableau que la position, des segments trans-membranaires, obtenue par analyse du profil d'hydrophobicité ne s'éloigne de la position de celle obtenue sur la structure 3D, que de 2 acides aminés en moyenne (éloignement de 44 acides aminés pour 20 terminaisons représentant 10 segments trans-membranaires). Les paramètres choisis dans cette étude semblent donc parfaitement adaptés à l'analyse du profil d'hydrophobicité de la Ca^{++}-ATPase. Nous allons donc les utiliser pour l'analyse de la H^+,K^+-ATPase.

III.2.2.4 Profil d'hydrophobicité optimisé obtenu sur la H^+,K^+-ATPase :

La détermination des paramètres optimaux nécessaires à la désignation des segments trans-membranaires de la Ca^{++}-ATPase étant fixés, nous les avons appliqués à la séquence de la sous-unité alpha de la H^+,K^+-ATPase. La figure III.8 représente le profil d'hydrophobicité obtenu avec les paramètres optimisés pour l'analyse de la Ca^{++}-ATPase. Nous pouvons constater que malgré leur appartenance au même groupe enzymatique les deux profils ne sont pas identiques au niveau de leur résolution. Bien que les zones hydrophobes principales puissent être superposées, celles présentes sur le profil de la H^+,K^+-ATPase sont nettement moins bien délimitées. Ceci est particulièrement vrai pour les pics d'hydrophobicité censés représenter les segments trans-membranaires M3, M4, M5 et M6. La figure III.9 montre un tableau répertoriant les valeurs des résidus délimitant les pics hydrophobes présents sur le profil issu de la séquence de la sous-unité alpha de la H^+,K^+-ATPase. Nous pouvons remarquer que les limites des pics représentant les segments M3 et M4 n'ont pu être identifiées sans ambiguïté. Ceci se présente également pour les segments trans-membranaires M5 et M6. Néanmoins, cette analyse nous permet de déterminer 6 pics hydrophobes parfaitement délimités. Il s'agit des segments trans-membranaires M1,M2,M7,M8,M9, et M10.

III.2.3 Prédiction des segments trans-membranaires par algorithmie:

III.2.3.1 Introduction théorique :

Différentes équipes ont écrit différents algorithmes capables de rendre compte d'une insertion membranaire de segments de séquences protéiques. Certains d'entre eux utilisent le profil d'hydrophobicité auquel ils additionnent d'autres paramètres tels que le moment hydrophobe ou la probabilité d'existence d'un résidu sous une conformation précise

(Eisenberg 1984 ;Stirk et al.,1992). La seconde voie fait appel aux statistiques. Celle-ci utilise de larges banques de données concernant la topologie des protéines membranaires. Cette connaissance topologique est obtenue à partir de la structure cristalline ou bien par des méthodes biochimiques classiques. Ces algorithmes se basent donc sur l'existence de motifs topologiques capables de s'insérer dans la membrane (von Heijne et Gavel,1988 ; Nakashima et Nishikawa,1992 ; Landolt-Marticorena et al.,1993 ; Jones et al ;1994). L'augmentation du nombre de structures cristallines de protéines membranaires permet d'augmenter de manière significative la confiance octroyée aux résultats obtenus par ce genre d'algorithm. Afin de lever l'imprécision qui subsiste, après l'analyse du profil d'hydrophobicité, pour les segments trans-membranaires M3,M4,M5 et M6 de la sous-unité alpha de la H^+,K^+-ATPase, nous allons tenter dans le chapitre suivant d'utiliser des méthodes algorithmiques de prédiction de segments trans-membranaires. Comme dans la partie précédente, nous allons dans un premier temps tester différents algorithmes sur la séquence de la Ca^{++}-ATPase afin de déterminer lequel de ceux-ci est le plus approprié dans notre cas. Une fois cet algorithme de prédiction identifié, nous effectuerons la même analyse sur la séquence de la sous-unité alpha de la H^+,K^+-ATPase.

III.2.3.2 Prédiction des segments trans-membranaires de la Ca^{++}-ATPase :

Bien que l'analyse du profil d'hydrophobicité de la Ca^{++}-ATPase puisse définir la topologie membranaire de celle-ci avec une précision certaine, nous allons tout de même vérifier que l'approche prédictionnelle atteint une précision similaire et qu'elle recoupe effectivement de manière correcte cette topologie, avant de l'appliquer à la séquence de la H^+,K^+-ATPase. Le tableau de la figure III.10 représente les segments trans-membranaires prédits par différents algorithmes ainsi qu'une moyenne arithmétique par rapport à la position réelle de ceux-ci obtenue sur la structure cristalline de la Ca^{++}-ATPase et définie selon Lee et al (Lee et al.,2002). Nous pouvons constater qu'aucun de ces algorithmes n'a pu prédire l'existence des 10 segments trans-membranaires dans le cas de la Ca^{++}-ATPase. Néanmoins, certains algorithmes tels que MEMSAT, par exemple, sont capables de prédire l'existence des segments trans-membranaires avec un succès certain. Cet algorithme ne se base pas uniquement sur le profil d'hydrophobicité, mais utilise la détection de motifs d'insertions membranaires mis en évidence par une étude statistique. Ce procédé utilise une banque de données contenant une série de topologies connues pour des protéines membranaires et tente d'identifier les résidus ou séries de résidus généralement associés à l'ancrage membranaire. Trois zones distinctes sont identifiées et se voient attribuées un poids statistique propre. Ces zones sont le milieu des segments trans-membranaires, la partie proche de l'interface membrane/eau du côté cytoplasmique et la partie proche de l'interface du côté extra cytoplasmique. D'après les auteurs de ce travail, il existe une différence dans la distribution des résidus au sein des segments trans-membranaires. Cette différence permettrait l'insertion ainsi que la bonne orientation de ceux-ci au sein de la membrane (Jones et al.,1994). Néanmoins, l'approche de MEMSAT 1.8 (Jones et al.,1994 ; 1998) n'est pas suffisante puisque ses prédictions couplées à celles des autres algorithmes, basés entre autres sur la répartition du moment hydrophobe sont plus précis. Dans le cas de la H^+,K^+-ATPase, nous opterons pour une approche utilisant la moyenne arithmétique de tous les algorithmes sélectionnés. En effet, cette approche ne semble pas introduire d'erreurs supplémentaires dans la prédiction du positionnement des segments trans-membranaires. Une telle approche a d'ailleurs déjà été utilisée avec succès au sein de notre laboratoire, dans le cas de l'analyse de la H^+-ATPase de *Neurospora crassa* (Radresa et al.,2002).

Résultats et discussions

III.2.3.3 Prédiction des segments trans-membranaires de la H^+,K^+-ATPase :

La figure III.11 représente un tableau contenant la position des différents segments trans-membranaires prédits par ces mêmes algorithmes, et la moyenne arithmétique associée. Nous pouvons remarquer que seul l'algorithme MEMSAT est capable de prédire 10 segments trans-membranaires. La majorité des algorithmes prédisent un nombre impair de segments trans-membranaires, ce qui est en contradiction avec les résultats expérimentaux (voir introduction). Néanmoins, le nombre élevé de segments prédits (9) est en faveur d'une topologie incluant 10 segments trans-membranaires dans la majorité des cas.

III.2.4 Modélisation topologique bidimensionnelle d'insertion membranaire :

La figure III.12 résume les résultats, portant sur la détermination des limites des segments trans-membranaires obtenus sur la Ca^{++}-ATPase par nos deux approches. Nous pouvons constater que nos deux approches donnent des résultats sensiblement identiques. L'écart moyen entre les positions données par chacune de ces techniques est de 3.4 acides aminés par terminaison. Cet écart moyen est du même ordre que l'erreur attendue pour la définition des segments trans-membranaires de la Ca^{++}-ATPase selon Lee et al. (2002), utilisée ici comme contrôle. Nous avons dès lors décidé de coupler ces deux résultats. La colonne « position moyenne » présente sur ce graphique a été obtenue sur ce principe. Nous y avons rajouté la contrainte théorique constituée par l'insertion minimum de 20 acides aminés dans le cas segments trans-membranaires de type hélicoïdal. Nous pouvons remarquer que la valeur moyenne prédite pour la position des terminaisons, représentant les zones membranaires strictes des différents segments trans-membranaires, ne s'écarte par rapport à la position proposée par Lee et al. (Lee et al.,2002) en moyenne que de 2.2 résidus par terminaison. Ceci confirme que cette approche, couplant les résultats issus de ces deux techniques, n'induit pas d'augmentation au niveau de l'erreur effective de ces terminaisons. De plus cette erreur est du même ordre de grandeur que celle attendue lors de l'étude proposée par Lee et al (Lee et al,2002). Nous pouvons donc espérer obtenir la même précision en ce qui concerne les résultats obtenus pour la H^+,K^+-ATPase.

La figure III.13 définit, pour la H^+,K^+-ATPase, la position des segments trans-membranaires sur base de notre approche mixte. Ils sont au nombre de 10 comme dans le cas de la Ca^{++}-ATPase et sont définis par la lettre M suivit d'un numéro identifiant leur position relative à partir de l'extrémité N-terminale. La figure III.14 résume ceci sous forme d'un modèle linéaire bidimensionnel d'insertion membranaire.

III.2.4.1 Validation du modèle topologique pour la H^+,K^+-ATPase :

III.2.4.1.1 Introduction :

Dans le but de valider le modèle obtenu pour la H^+,K^+-ATPase couplant le profil de l'hydrophobicité à la procédure de prédiction de segments trans-membranaires, il nous faut maintenant nous assurer que les peptides identifiés par nous lors de nos différentes trypsinolyses sont bien des segments trans-membranaires. Pour réaliser ceci, nous allons dans un premier temps comparer nos résultats de trypsinolyse, effectuées sur les différents intermédiaires structuraux principaux, avec le modèle d'insertion membranaire que nous avons obtenu.

Dans un second temps, nous allons tenter d'isoler et de réinsérer les différents peptides générés lors des différentes trypsinolyses afin de vérifier expérimentalement leur potentiel d'insertion membranaire et de définir leur structure secondaire. Nous mettrons en place une

Résultats et discussions

procédure de purification de peptide membranaire par H.P.L.C ainsi qu'une procédure de réinsertion au sein d'un environnement lipidique de ceux-ci. Les informations concernant la structure secondaire de ces peptides réinsérés au sein d'une bicouche lipidique seront obtenus par mesure spectroscopique infra-rouge « ATR-IR ».

III.2.4.1.2 Repositionnement des peptides générés lors des protéolyses sur le modèle d'insertion membranaire :

Les figures III.15 à III.17 représentent le modèle topologique obtenu dans lequel nous avons replacé les peptides obtenus après digestion extensive de la sous-unité alpha de la H^+,K^+-ATPase en présence de différents substrats. Cette partie nous permettra de vérifier, par recoupement avec nos résultats expérimentaux, la validité de notre modèle d'insertion membranaire théorique.

III.2.4.1.2.1 Peptides issus de la conformation E_1 :

La tryspinolyse de la conformation E_1 a, comme nous l'avons vu plus haut (§ trypsinolyse E_1), généré plusieurs peptides. La figure III.18 représente un tableau contenant les différents peptides obtenus lors de cette digestion. Une fois ces peptides replacés sur notre modèle topologique (figure III.15) nous pouvons constater qu'il devrait s'agir des 3 paires de segments trans-membranaires représentant M3-M4, M5-M6, et M7-M8. Comme nous pouvions nous y attendre, sur base de la masse apparente des peptides identifiés dans cette conformation, il semblerait effectivement que malgré nos conditions de digestion extensive ces peptides ne soient pas uniquement des segments trans-membranaires. En effet, il semblerait d'après notre modèle d'insertion membranaire que chacun de ces peptides contiennent des résidus associés aux boucles cytoplasmiques les joignant. Ceci est particulièrement vrai pour le peptide représentant les segments trans-membranaires M3 et M4 ainsi que pour le peptide représentant les segments trans-membranaires M7 et M8. Néanmoins, aucun des sites de clivage identifiés par nous ne violent le modèle topologique d'insertion membranaire. Chacun des sites de clivage se trouve bien à l'extérieur de la zone membranaire et du coté cytoplasmique comme prévu sur base des conditions de trypsinolyse adoptées par nous.

III.2.4.1.2.2 Peptides issus de la conformation E_2-K^+ :

En ce qui concerne la trypsinolyse de la conformation E_2-K^+, elle génère quant à elle 4 paires de segments trans-membranaires. Il s'agit des segments M1-M2,M3-M4,M5-M6, et M7-M8 (voir figure III.16). La digestion sur cette conformation engendre donc l'apparition d'une paire de peptides supplémentaires, en l'occurrence la paire M1-M2. Le repositionnement des peptides identifiés lors de la protéolyse de la conformation E_2-K^+ montre également la présence de résidus des boucles cytoplasmiques associés aux segments trans-membranaires. Dans ce cas-ci, chacun des peptides est constitué d'une paire de segments trans-membranaires, contenant leur boucle extra-cytoplasmique, mais également d'une partie des boucles cytoplasmiques les joignant aux autres segments trans-membranaires. Ceci est particulièrement vrai pour le peptide contenant les segments trans-membranaires M1 et M2. Pour ce peptide, non identifié lors de la trypsinolyse de la conformation E_1, les résidus des boucles cytoplasmiques associées représentent 2/3 de la taille du peptide. En ce qui concerne les peptides représentant les segments trans-membranaires M3 et M4, tout comme sur ceux identifiés lors de la protéolyse de la conformation E_1, ils contiennent des résidus de boucles cytoplasmiques. Une différence majeure est présente sur les peptides représentant les segments trans-membranaires M5 et M6. Sur ceux isolés lors de la trypsinolyse de la conformation E_2-K^+, une partie non négligeable de la boucle cytoplasmique située en amont de M5 est présente. Ceci n'est pas le cas sur le peptide représentant les mêmes segments trans-membranaires isolé lors de la protéolyse de la conformation E_1, pour lesquels le clivage se fait au niveau de l'interface représenté par la bicouche lipidique pour M5 comme pour M6. Dans ce cas-ci une partie de la boucle cytoplasmique située en amont de M5, et représentant 40 acides aminés, est présente. En ce qui concerne les segments trans-membranaires M7 et M8, il s'agit de ceux déjà identifiés lors de la protéolyse de la conformation E_1. Ici non plus, aucun des sites de clivage identifiés ne remet en cause la validité du modèle topologique d'insertion membranaire.

III.2.4.1.2.3 Peptides issus de la conformation E_2-VO_4^{3+} :

Pour la troisième conformation étudiée, E_2-VO_4^{3-}, la digestion génère 4 paires de segments trans-membranaires, comme sur la conformation E_2. Cependant, la trypsinolyse produit un mélange des paires de segments trans-membranaires propre aux deux autres conformations. En effet, cette digestion sur la conformation E_2-VO_4^{3-} produit une paire de segments trans-membranaires représentant M3-M4 identique à celle obtenue sur E_1, et deux paires représentant M1-M2 et M5-M6 identiques à celles obtenues sur E_2-K^+ (voir figure III.17 et III.18). Il est à remarquer que pour les trois conformations, un même peptide représentant la paire de segments trans-membranaires M7-M8 est généré (voir figure III.18).

III.2.4.2 Validation expérimentale du potentiel d'insertion membranaire des peptides identifiés après protéolyse:

III.2.4.2.1 Purification de segments trans-membranaires par R.P-H.P.L.C :

III.2.4.2.1.1 Introduction :

Pour pouvoir étudier la structure secondaire de ces peptides membranaires ainsi que leur capacité à s'insérer dans la bicouche lipidique, il nous faut dans un premier temps les purifier.

La purification peptidique est une discipline pour laquelle de nombreuses techniques ont été mises au point. Citons entre autres les différentes chromatographies telles que l'exclusion, l'échangeuse d'ions ou d'affinité. Ces différentes techniques permettent l'obtention de peptides avec un taux de pureté très élevé. La majorité des protocoles en H.P.L.C (« High Performance Liquid Chromatography ») font référence à des manipulations effectuées sur des peptides hydrosolubles et utilisent comme solvant principal l'eau. Dans notre cas, les peptides sont insérés au sein d'une membrane lipidique et sont peu solubles dans un environnement aqueux. Dès lors de nombreux problèmes peuvent apparaître et sont apparus.

Comme ces peptides sont extrêmement hydrophobes, nous nous sommes tout naturellement dirigés vers la R.P-H.P.L.C (« Reversed Phase High Performance Liquid Chromatography »). Cette technique d'H.P.L.C en phase inversée permet, en théorie, une séparation et une purification de peptides fortement hydrophobes. Elle se base sur la différence d'interactions spécifiques vis-à-vis d'une phase mobile plus ou moins hydrophobe et d'une phase stationnaire fortement hydrophobe.

Dans un premier temps il faut trouver les conditions dans lesquelles l'échantillon soit parfaitement solubilisé et stable. Pour ce faire nous avons envisagé l'utilisation de détergents et de solvants organiques. Dans un second temps, il nous faudra déterminer les solvants ou mélanges de solvants susceptibles d'éluer les peptides membranaires.

III.2.4.2.1.2 Solubilisation de l'échantillon protéolysé :

Nous avons essayé dans un premier temps différents détergents, en particulier l'O.G.P (n-octyl glucopyranoside) connu entre autre pour sa capacité à solubiliser la H^+,K^+-ATPase, ainsi que d'autres protéines, membranaires sans perte significative d'activité ATPasique (Soumarmon et al.,1983 et 1986 ; Kerkhoff et al.2000), le Triton X-100 réduit, ainsi que le S.D.S (sodium dodecylsulfate). Ces différents essais ont tous été des échecs. La solubilisation de l'échantillon a été vérifiée sur gel Tris-Tricine après élimination par centrifugation et filtrage des résidus non solubilisés. Nous nous sommes heurtés à des difficultés de solubilisation, ainsi qu'à des problèmes de réponse du détergent lors de la détection en procédure H.P.L.C. L'ensemble de ces résultats ne sera pas présenté ici.

Nous nous sommes ensuite dirigés vers les mélanges de solvants organiques. Dans cette optique, nous avons testé un grand nombre de solvants plus ou moins hydrophobes, miscibles entre eux, et compatibles avec la technique R.P-H.P.L.C. Citons, par exemple, l'acétonitrile, l'isopropanol, et l'éthanol. Nous avons testé le pouvoir solubilisant de différents mélanges de ces solvants sur l'échantillon protéolysé de la H^+,K^+-ATPase. La solubilisation de celui-ci s'est révélée être de très faible à quasi nulle pour la majorité des solvants ou mélanges de solvants utilisés. Ceci a été vérifié sur gel « Tris-Tricine » par analyse des résidus présents après centrifugation, récupération du surnageant, filtrage de celui-ci et finalement élimination du solvant. La présence d'agrégats induit une forte perte de matériel lors du chargement de la colonne de chromatographie. Cette mauvaise solubilisation peut également être fatale à l'intégrité des colonnes H.P.L.C, provoquant une obstruction irréversible de la colonne chromatographique (Goetz et al.,2000). Les milieux acides sont connus pour permettre la solubilisation d'échantillons fortement hydrophobes (Oliviera et al.,1997). Ces acides sont généralement utilisés en faible quantité et ajoutés à un mélange de solvants organiques tels que l'acétonitrile ou l'isopropanol. Nous avons donc décidé d'utiliser le TFA et l'HCL en faible quantité (de l'ordre de 0.1%). Il s'est avéré que le TFA solubilisait parfaitement l'échantillon. Malheureusement, celui-ci entraîne un problème de détection suivi d'une impossibilité à l'éliminer par la suite. Puisque nous prévoyons une analyse par spectroscopie « ATR-IR » des peptides purifiés, la présence de solvant possédant une fonction carboxylique est à proscrire. Puisque le TFA pur est capable de solubiliser notre échantillon, nous avons exploré des conditions fortement acides.

Ceci nous a poussé à explorer un champ de possibilités rarement exploité en H.P.L.C. Il s'agit des mélanges de solvants organiques avec des acides en concentration bien plus élevée que celles utilisées généralement (de l'ordre de 25% (v/v) et plus). En effet, la concentration de ces solutions en acides ne dépasse jamais le %, car les colonnes H.P.L.C utilisées en R.P-H.P.L.C ne peuvent pas supporter des pH inférieurs à 2.0. L'échantillon se solubilise parfaitement dans un mélange acide acétique/ eau avec des proportion 9/1 (v/v). La solubilité de l'échantillon a été vérifiée par centrifugation après solubilisation et récupération du surnageant. Un dosage protéique nous permet de situer celle-ci entre 50% et 80% de sa valeur initiale, par des techniques de dosage colorimétrique. Des problèmes au niveau de la détection et de la reproductibilité ont cependant été mis en évidence (expériences non montrées). Après de nombreux essais nous avons solubilisé, de manière stable, l'échantillon dans un mélange d'acide formique/isopropanol/eau, dans des proportions 4/3/3 (v/v/v). Dans ces conditions, plusieurs centaines de micro grammes peuvent être solubilisées dans un volume total de 5 millilitres.

III.2.4.2.1.3 Type de colonne et phase mobile :

Le choix de la colonne est évidemment primordial dans ce type d'approche. Différents paramètres sont à prendre en compte lors du choix de celle-ci.

Le premier de ces paramètres est évidemment le type d'H.P.L.C que l'on envisage d'effectuer. Dans notre cas, nous avons opté, comme vu plus haut, pour la R.P-H.P.L.C. Dans ces conditions, la chromatographie se base sur le principe des interactions hydrophobes entre l'échantillon et la phase statique. La compétition entre les interactions hydrophobes présentes entre la phase statique et la phase mobile permet la séparation des différents peptides présents dans l'échantillon. Vu la taille relativement petite de nos peptides d'intérêt (moins de 15 kDa), nous avons opté pour une colonne de type C18. Celle-ci est constituée par des chaînes aliphatiques et saturées de 18 carbones. Ces chaînes sont greffées sur des micro-billes poreuses de type silicate qui permettent des élutions sur une gamme de pH comprise entre 2.0 et 7.5. Malgré les conditions d'acidité (pH proche de 1) présentes lors de notre solubilisation, ce type de colonne résiste relativement bien à ces conditions extrêmes. Nous avons pu effectuer une centaine d'élutions par colonne, avant destruction de celle-ci.

Le choix de la phase mobile s'est révélé particulièrement fastidieux. En effet, il n'existe pas de règles théoriques permettant de déterminer quelles phases mobiles seraient la plus adaptées à notre échantillon. Comme dans le choix du solvant de solubilisation, nous avons testé plusieurs mélanges de solvants afin de déterminer le plus approprié. La phase mobile est donc constituée d'un gradient formé à partir de deux solutions, l'une plus hydrophile et l'autre plus l'hydrophobe. Le gradient formé par ce mélange, lors de l'élution, permet d'augmenter ce caractère hydrophobe durant l'élution. Ceci permet de décrocher de la

Résultats et discussions

phase statique, de manière sélective, les différents constituants protéiques présents dans l'échantillon. Nos recherches nous ont amenés à les définir de la manière suivante:
- Solution A (hydrophile) : H_2O/ Acide Phosphorique 0.1% (V/V)/ Tétraethylamine 0.1% (V/V).
- Solution B (hydrophobe) : Acétonitrile / Solution A dans un rapport 9/1 (V/V).

Nous avons tenté d'optimiser les paramètres secondaires tels que le débit ou le temps d'élution et la « forme » du gradient (voir matériels et méthodes). Ces paramètres fixés, nous avons effectué la purification sur les deux échantillons protéolysés E_1 et E_2-K^+. Les peptides d'intérêt, purifiés par cette technique et identifiés par un absorbance à deux longueurs d'onde lors de l'élution (210 nm pour détecter toutes substances peptidiques, et 280 nm pour détecter les tryptophanes et, secondairement, tyrosines), ont été caractérisés par électrophorèse sur un gel « Tris-Tricine ».

III.2.4.2.1.4 Purification des peptides issus de la conformation E_1 :

Le chromatogramme représentant l'élution de l'échantillon après trypsinolyse de la conformation E_1 est présenté sur la figure III.20. Quatre pics, positionnés entre les temps de rétention de 40 et 80 minutes, sont présents. Trois de ces pics ne sont pas présents sur le chromatogramme contrôle servant de blanc (Figure III.19). Le 4ème pic est localisé au même temps de rétention que celui présent lors de l'élution de contrôle. Les fractions qui constituent ces différents pics ont été chargées sur un gel « Tris-Tricine ». Nous avons pu mettre en évidence la présence d'un peptide pure dans le 4ème pic et uniquement dans celui-ci. Le gel associé à ce pic est représenté en figure III.21. Nous pouvons constater sur ce gel que ce pic fait apparaître une seule bande à une masse apparente de 5 kDa. Cette masse est compatible avec le peptide, représentant les segments trans-membranaires M5 et M6, isolé et identifié au cours de nos expériences de protéolyse. Le micro séquençage de cette bande a confirmé qu'elle était constituée d'un seul peptide représentant les segments trans-membranaires M5 et M6 isolés précédemment lors de notre étude topologique de la sous-unité alpha de la H^+,K^+-ATPase.

L'absence des autres peptides issus de la protéolyse peut s'expliquer soit par un faible rendement effectif de l'étape de solubilisation, soit par une affinité trop importante de ceux-ci pour la phase statique. L'absence de ces peptides en début d'élution élimine la possibilité d'élution sans interaction entre ces peptides et la phase statique. Une agrégation massive est également envisageable. Il est à noter, que de fastidieuses étapes de nettoyage sont indispensables après chacune des élutions afin d'éliminer certains peptides possédant un temps de rétention nettement plus long. Ces peptides n'ont pas pu être isolés ou séquencés. Néanmoins, l'élution mise au point dans notre laboratoire nous a permis d'isoler les segments trans-membranaires M5 et M6 produits lors de la protéolyse effectuée sur la conformation E_1 de la sous-unité alpha de la H^+,K^+-ATPase, ce qui jusqu'à présent n'avait jamais pu être réalisé dans d'autres laboratoires. Il semblerait donc que l'emploi d'acide en concentration élevée puisse expliquer ce succès.

III.2.4.2.1.5 Purification des peptides issus de la conformation E_2-K^+ :

Nous pouvons remarquer que le chromatogramme de cette élution (figure III.22) diffère peu de celui obtenu sur l'élution de l'échantillon E_1 (figure III.20). Le gel présenté sur la figure III.23 montre l'électrophorèse associée au pic contenant le seul peptide pur isolé. Il se situe dans la même gamme de temps de rétention relatif que celui obtenu sur E_1. Le micro-séquençage de cette bande nous a permis d'identifier les segments trans-membranaires M5 et M6. Comme pour l'élution de la conformation E_1, nous n'avons pas pu isoler d'autres peptides d'intérêt. La présence d'une quarantaine d'acides aminés supplémentaires, représentant à peu près 35% de la masse protéique totale, ne modifie que très légèrement le temps de rétention. Néanmoins, la position relative des autres pics, dont la composition protéique n'a pu être déterminée, est modifiée de manière significative pour un pic. Il s'agit du premier pic présent lors de cette élution. Son temps de rétention relatif par rapport au 4ème, contenant les segments M5 et M6, le positionne comme nouveau pic par rapport à ceux présents sur l'élution de l'échantillon E_1. Malheureusement nous n'avons pas pu mettre en évidence la présence de peptides associés à ce pic. L'analyse du chromatogramme, enregistré à 280 nm, permet de remarquer que le nombre total de pics pour cette zone est de 5. Il s'est révélé impossible de vérifier la présence de peptides par d'autres techniques, telles que les dosages colorimétriques, la fluorométrie ou par séquençage par spectrométrie de masse. Dans ce cas particulier, la présence d'acide phosphorique lors de l'élution provoque une réponse « parasite » importante. Il nous a été malheureusement impossible de remplacer, lors de l'élution, l'acide phosphorique par tout autre acide compatible avec cette technique (expériences non montrées).

III.2.4.2.2 Mesure spectroscopique « ATR-IR » du peptide représentant les segments trans-membranaire M5-M6 :

Nous avons isolé les segments trans-membranaires M5 et M6 pures issus des protéolyses sur les conformations E_1 et E_2 et nous pouvons tenter de les réinsérer dans un environnement lipidique et étudier leur structure secondaire.

Différentes techniques de réinsertion lipidique sont à notre disposition et se basent toutes sur le même principe. Le peptide à réinsérer est tout d'abord solubilisé à l'aide d'un détergent. Il est ensuite mis en présence de micelles mixtes constituées de lipide et de détergent. Il faut ensuite éliminer le détergent afin d'obtenir des vésicules contenant uniquement le peptide d'intérêt et les lipides.

Afin d'éliminer ce détergent, nous pouvons faire appel à différentes techniques et notamment l'élimination de détergent par chromatographie d'exclusion, par dilutions successives ou bien par utilisation de « bio-billes » (Jackson et Litman ,1982 ; Rigaud et al. ; 1995 et 1997, Manciu et al. ;2000). Une fois le détergent éliminé, l'insertion du peptide est vérifiée sur gradient de sucrose. Les vésicules de lipides seuls ne possédant pas la même densité que celles contenant le peptide d'intérêt. Celles-ci migrent à des densités plus faibles lors d'une centrifugation sur gradient de sucrose (Scotto et Zakim ; 1985).

Les essais de réinsertion, effectués à l'aide des techniques de chromatographie ainsi que par dilution, n'ayant pas donnés de résultats satisfaisants, nous nous sommes dirigés vers l'utilisation de « bio-billes » constituées d'un polymère poreux dans lesquelles les molécules libres de détergents peuvent pénétrer et s'y fixer. De cette manière, le milieu s'appauvrit en molécules libres de détergent. L'équilibre existant, entre les molécules de détergent libres et les molécules de détergent impliquées dans une structure de type micelle, est donc déplacé. Plus la C.M.C (Concentration Micellaire Critique) est basse, plus la concentration en molécules de détergent libres est basse et son processus d'élimination lent. Nous avons opté pour le D.D.M (Dodecylmatloside) comme détergent. En effet, celui-ci s'avère être un bon compromis entre un détergent à C.M.C moyenne et un détergent à haut pouvoir solubilisant sur les peptides issus de l'HPLC. Il est, de plus, couramment utilisé dans notre laboratoire pour la solubilisation et l'insertion de protéine membranaire (Manciu et al.,2000).

La spectroscopie « ATR-IR » est une méthode nous permettant d'avoir accès à la structure secondaire de peptides réinsérés en présence de lipides (Raussens et al.1997). Ceci en fait une technique particulièrement intéressante dans l'étude structurale de peptides trans-membranaires. Son principe est basé sur la fréquence d'absorption du lien amide des liaisons peptidiques constituant l'échantillon protéique. La fréquence d'absorption de la fonction C=O de ce lien varie en fonction du type de structure secondaire dans laquelle il est impliqué. La présence de lipide ne pose aucun problème, puisque les fréquences d'absorption des liens constituant ceux-ci sont nettement différentes. De plus, l'orientation de ces liens peptidiques, par rapport au plan de la membrane, peut également être étudiée. En effet, l'absorption varie en fonction de l'orientation de ce lien par rapport au plan de polarisation du faisceau incident. Il est maximal lorsque ces deux orientations sont parallèles entre elles. L'enregistrement de spectres en lumière polarisée permet de mettre en évidence une orientation particulière d'un élément de structure associé à la membrane. En conclusion, cette approche nous permet d'identifier le type de structure secondaire associé à la membrane, ainsi que son orientation par rapport à celle-ci.

De cette manière, nous pourrons vérifier l'insertion membranaire du peptide représentant les segments trans-membranaires M5 et M6 et vérifier la qualité de notre modèle topologique. De telles approches, mais faisant appel à d'autres techniques telles que la R.M.N (Résonance Magnétique Nucléaire), la synthèse peptidique ou l'expression génétique, ont autorisées précédemment la validation de modèle topologique ou la proposition de structures associées aux segments trans-membranaires. Cette approche a autorisé, par exemple, la mise en évidence de l'existence des segments M9 et M10 sur la H^+,K^+-ATPase (Bamberg et Sachs,1994). Lors de cette expérience, de petits bouts de séquence représentant des paires de potentiels segments trans-membranaires ont été réinsérés dans des plasmides afin de les exprimer individuellement et par-là vérifier leur potentiel insertion membranaire. Ces résultats ont permis à cette équipe de proposer pour la première fois un modèle topologique d'insertion membranaire à 10 segments trans-membranaires pour la H^+,K^+-ATPase. Une autre approche, se basant sur des peptides de synthèses représentant des segments trans-membranaires potentiels réinsérés individuellement au sein de micelles de détergent, a permis à l'équipe de le Maire de proposer une structure particulière de M6 dans le cas de la Ca^{++}-ATPase (Soulié et al.,1998). Cette structure particulière, caractérisée par une déstructuration locale au sein d'une hélice alpha, a été confirmée par les structures cristalline de la Ca^{++}-ATPase (Toyoshima et al.,2001 ;2002). Ceci nous laisse penser qu'une approche expérimentale portant sur l'analyse de l'insertion membranaire d'un peptide, sensé représenter des segments trans-membranaires, peut s'avérer être correcte en dépit du fait que l'analyse ne porte que sur des segments trans-membranaires pris individuellement.

III.2.4.2.2.1 M5-M6 issus de la protéolyse de la conformation E_1 :

Nous avons tenté de réinsérer le peptide, représentant les segments trans-membranaires M5 et M6 issus de la conformation E_1, dans des vésicules d'asolectine (voir matériels et méthodes). La figure III.24 montre le dosage protéique et lipidique d'un gradient de sucrose sur lequel a été chargé des protéovésicules reconstituées d'asolectine. Ces protéovésicules contiennent le peptide, contenant M5 et M6, issu de la conformation E_1. Nous pouvons remarquer que la majorité de l'échantillon protéique migre dans le fond du gradient (représenté par les premières fractions) et non pas à la même densité que les vésicules lipidiques. Il semble donc que la majeure partie de l'échantillon ne soit pas réinséré mais agrégé. L'intégrité de M6 ne semble donc pas permettre, à elle seule, la stabilisation de ce segment dans la bicouche lipidique. Ceci a été confirmé par spectroscopie infrarouge réalisée ensuite sur cet échantillon reconstitué. Aucune valeur, pouvant refléter l'insertion du peptide, n'a pu être obtenues. Ce résultat est corroboré par celui obtenu par Bamberg et Sachs. En effet, cette équipe a tenté de reproduire le phénomène d'insertion membranaire pour chacun des segments trans-membranaires potentiels par des techniques génétiques (Bamberg K. et Sachs G.,1994). Ils ont constaté que les vecteurs d'insertions représentant M5 et M6 ne possédaient pas de signal d'ancrage membranaire. L'insertion membranaire de M5, ainsi que de M6 et M7, ne semblait donc pas possible en absence des autres segments trans-membranaires. La séquence utilisée pour représenter ces segments trans-membranaires commence pour tous les vecteurs contenant M5 à l'acide aminé Ala^{788}. Dans notre cas, le peptide non insérable issu de la conformation E$_1$, commence 5 acides aminés en aval au niveau de l'Asn^{793}. La présence de la zone située en amont de l'Asn^{793} et l'Ala^{788} pourrait donc être indispensable à l'insertion membranaire. Pour valider ceci il faut vérifier le potentiel d'insertion membranaire des segments trans-membranaires M5 et M6 issus de la protéolyse de E$_2$. En effet, cet échantillon possède M5 dans son intégralité et donc la zone peptidique située en amont de l'Ala^{788} et l'Asn^{793}.

III.2.4.2.2.2 M5-M6 issus de la protéolyse de la conformation E$_2$:

La figure III.25 montre le gradient de sucrose contenant les protéovésicules reconstituées de cet échantillon. Nous pouvons remarquer que, comme pour l'échantillon issu de E$_1$, la majeure partie des protéines migre au bas du gradient et non pas à la même densité que les lipides. Ceci laisse supposer que l'intégrité de M5 n'est pas l'élément principal dans le phénomène de stabilisation membranaire de ce peptide.

La figure III.26 montre la distribution des protéines d'un gradient contenant des protéovésicules reconstituées en présence de K$^+$. Nous pouvons remarquer que dans ce cas, une proportion non négligeable de protéines co-migre à la même densité que les lipides. Ceci laisse supposer une insertion au sein de ces vésicules. Il semblerait donc que la présence de K$^+$ couplée à l'intégrité du segment M5 participe à la stabilité membranaire du peptide contenant M5 et M6. Ceci a été confirmé lors des mesures « ATR/IR » effectuées sur cet échantillon. La figure III.27 montre les spectres obtenus pour cet échantillon. Nous pouvons constater, sur le premier spectre (spectre A.), que celui-ci possède un pic d'absorption à 1750 cm^{-1} témoin de la présence de lipides, mais également deux autres pics. L'un positionné entre 1680 cm^1 et 1625 cm^{-1} représente la bande Amide I associée au lien C=O peptidique. Le second centré sur 1550 cm^{-1} et appelé Amide II, représente l'absorption résultant de la déformation du lien N-H peptidique. La présence de ces deux pics confirme celle de protéines associées à la membrane dans le cas du peptide contenant M5 et M6. La déconvolution effectuée sur le pic de l'amide I, nous permet d'obtenir une information sur le type et la proportion des structures secondaires associées aux membranes. La figure III.26 B. montre le spectre déconvolué de la région amide I. L'intégration de la surface des différentes composantes est rapportée sur ce spectre. Nous pouvons remarquer que les structures secondaires obtenues par spectroscopie ATR-FTIR s'écartent sensiblement des valeurs attendues pour des segments trans-membranaires en structure de type hélice alpha. En effet, l'échantillon semble ne contenir que 41% d'acides aminés organisés en hélice. Cette faible proportion est accompagnée par une nette augmentation de la proportion de structure « Random ».

Un même résultat a été obtenu pour le segment trans-membranaire M6 issu de la Ca^{++}-ATPase par l'équipe de le Maire (Soulié et al.,1996). Dans ce cas là également, les mesures de proportions de structures associées au segment M6 réinséré, obtenues à l'aide de mesures spectroscopiques en dichroïsme circulaire, ont révélées un taux élevé de structure secondaire de type « Random ». Ceci a poussé cette équipe à proposer l'existence d'une déstructuration locale d'hélice localisée dans M6. Cette déstructuration locale de structure menant au déroulement partiel du segment M6 entraînerait l'apparition de structures de type « Random ». Cette hypothèse a été confirmée par les structures cristallines de la Ca^{++}-ATPase obtenues par l'équipe de Toyoshima (Toyoshima et al. ;2000,2002). Il semblerait donc que dans notre cas également, une telle hypothèse puisse être proposée pour expliquer ce haut taux de structure de type « Random ». Cette hypothèse sera discutée par nous dans la suite de ce travail.

Les structures hélicoïdales, présentes dans cet échantillon, sont orientées perpendiculairement au plan de la membrane. En effet, la figure III.26 C montre le spectre différence (spectre dichroïque linéaire) obtenu en soustrayant de celui correspondant à une polarisation verticale par rapport au plan de la membrane, celui correspondant à une polarisation parallèle. Le pic positif centré sur 1650 cm^{-1} démontre que le peptide inséré est de type hélicoïdal et possède une orientation privilégiée perpendiculaire au plan de la membrane. En résumé, l'insertion membranaire des segments M5 et M6 est intimement liée à l'intégrité de M5 ainsi qu'à la présence de K$^+$. Ceci explique pourquoi ces segments trans-membranaires n'ont pus être réinsérés par l'équipe de Bamberg et Sachs (Bamberg et Sachs ;1994).

III.2.5 Discussion topologique et modifications d'accessibilité :

Les expériences de protéolyse décrites ci-dessus ont été effectuées sous des conditions iso-osmotiques. Néanmoins, les mêmes fragments sont obtenus dans des conditions hypotoniques. Ceci suggère qu'il n'y a pas de sites de clivages trypsiques accessibles sur le côté extra-cytoplasmique de la H$^+$,K$^+$- ATPase, comme en accord avec des résultats antérieurs (Raussens et al.1997).

La protéolyse limitée ainsi que l'étude de l'hydrophobicité ont déjà été utilisées précédemment afin de déterminer les limites des segments trans-membranaires (Sachs et al.,1992 ; Besancon et al.,1993; Bamberg et Sachs,1994; Raussens et al.,1997) ou pour mettre en évidence des changements de conformation (Helmich de Jong et al., 1987). Cette première partie du travail, portant sur la trypsinolyse extensive de l'H$^+$,K$^+$-ATPase, met cependant pour la première fois en évidence le mouvement potentiel de certains segments membranaires protégés en fonction de la présence, ou non, de certains ligands spécifiques (en l'occurrence le K$^+$), ainsi que la possibilité de définir les deux intermédiaires structuraux E$_1$ et E$_2$ sur base de modifications d'accessibilité de la zone membranaire et non plus uniquement de celles présentes dans la large boucle cytoplasmique (Helmich de Jong et al., 1983). Nos modèles d'insertion membranaire nous permettent de suggérer les modifications d'accessibilité des domaines membranaires dans les intermédiaires structuraux principaux du cycle catalytique. Avant de discuter de ces changements d'accessibilité observés, certaines remarques peuvent être faites.

- Il est remarquable que tous les segments trans-membranaires prédits, à l'exception de M7 et M8, aient une accessibilité à la trypsine qui varie en fonction de la présence de ligands spécifiques. Ceci suggère que l'entièreté du domaine membranaire subit des changements de conformation et participe de manière active au transport d'ions au travers de la membrane.
- Le profil de digestion observé sur le gel d'acrylamide « Tris-Tricine » est stable sur une durée s'étalant de plusieurs heures à plusieurs jours. Ceci indique que la structure des domaines trans-membranaires protégés reste inchangée et stable après protéolyse de la large boucle cytoplasmique de la protéine.
- La trypsinolyse effectuée en présence de vanadate produit des peptides propres à chacune des conformations principales E$_1$ et E$_2$. L'intermédiaire phosphorylé (représenté ici par la présence d'un homologue du PO$_4^{3-}$, le vanadate), possède une conformation proche des deux conformations principales. Sa position au sein du cycle catalytique, ainsi que cette particularité structurale, en fait le parfait intermédiaire.

La H$^+$,K$^+$-ATPase gastrique est caractérisée par l'existence de deux classes conformationnelles principales appelées E$_1$ et E$_2$ (voir § Introduction et cycle catalytique). La fixation de ligands spécifiques, tels que par exemple le K$^+$, induit le déplacement de l'équilibre existant entre ces deux conformations principales. Néanmoins des sous-classes de

Résultats et discussions

conformations peuvent être mises en évidence (Helmich de Jong et al.,1983). Les digestions, effectuées en présence de différentes concentrations en K^+, n'ont pas mis en évidence de comportement atypique. Par contre, celles effectuées en présence de Na^+, utilisé comme contrôle pour obtenir la conformation E_1, semblent être moins claires. En effet lors de celles-ci, un profil mixte représentant les conformations E_1 et E_2 est généré (résultats non présentés). Ce résultat est en accord avec ceux déjà obtenus précédemment (Robinson et al.,1993 ;Swarts et al.,1995) et met à nouveau en évidence la difficulté à obtenir la conformation E_1 en présence de Na^+ pour la H^+,K^+-ATPase. Afin de démontrer que le changement de conformation observé est dû à des interactions spécifiques, nous avons tenté des digestions en présence d'ions monovalents tels que Li^+ et NH_4^+ (résultats non présentés). Comme dans le cas du Na^+, un profil de digestion contenant des caractéristiques de E_2 a été obtenu pour l'ensemble de l'étude. Ceci est en accord avec des études portant sur le comportement du NH_4^+ sur la H^+,K^+-ATPase (Munson et al.2000).

D'autres digestions extensives à la trypsine ont été réalisées par Besancon et al. (Besancon et al.,1993) dans des conditions expérimentales similaires pour la conformation E_1 (rapport protéase/protéine de ¼, condition iso-osmotique, 10 minutes d'incubation contre 45 minutes dans notre étude). Les peptides associés à la membrane et générés au cours de cette protéolyse sont significativement différents. Alors que Besancon et al. peut identifier les segments représentant M1 et M2 dans la conformation E_1, nous ne pouvons quant à nous que les identifier sur la conformation E_2. Par contre la digestion réalisée en présence d'ATP produit un pattern identique à celui obtenu sur la conformation E_1 comme dans notre cas. Les raisons expliquant cette différence ne sont pas claires. Il faut garder néanmoins à l'esprit que lors de notre étude, les gels d'acrylamides ont révélé de nombreuses bandes au-dessus de 15 kDa, celles-ci n'ont pas pu être isolées ni séquencées. Tout ceci ne devrait pas affecter les conclusions principales de cette partie du travail, qui mettent en évidence un déplacement des sites de clivages accessibles à la trypsine après fixation de K^+ (K^+ induisant par sa présence la transition permettant le passage de la conformation E_1 à la conformation E_2). Nous allons maintenant analyser avec plus de détails les régions protégées de la protéolyse dans les différentes conformations étudiées.

III.2.5.1   Région N-terminal de la sous-unité Alpha :

Dans le cas des segments trans-membranaires M1 et M2, une différence majeure est observée entre la digestion réalisée sur la conformation E_1 (voir figure III.15 et figure III.18) et les deux autres conformations, E_2-K^+ (Figure III.16 et figure III.18) et E_2-VO_4^{3-} (voir figure III.17 et figure III.18). Le peptide représentant M1-M2 et de masse apparente inférieure à 15 kDa n'est pas détecté après digestion de la conformation E_1. Cela peut s'expliquer par la présence de ce peptide à une masse supérieure à 15 kDa (pas étudiée ici). Ceci peut suggérer que certaines zones, comprises dans la boucle joignant M2 à M3 et contenant des sites potentiellement protéolysables, soient protégées dans la conformation E_1. Au vu de nos résultats, la trypsine clive au niveau de la Lys^{291} générant ainsi deux peptides. Le premier avec une masse apparente maximum de 29 kDa pourrait inclure la séquence N-terminale, les segments M1 et M2 et une partie de la boucle cytoplasmique joignant M2 à M3. Le second peptide aurait une masse apparente de 9 kDa et comprendrait M3 et M4. Ce dernier peptide a été identifié lors de la digestion effectuée sur la conformation E_1. Cette hypothèse inclut la protection de 11 sites de clivages potentiels situés entre la Lys^{163} (incluse) et la Lys^{291}. Une protection partielle de cette zone est mise en évidence lors des digestions effectuées sur les conformations E_2-K^+ et E_2-VO_4^{3-} (voir figure III.16 et III.17). Les digestions réalisées sur ces conformations produisent deux peptides contenant la paire de segments trans-membranaires M1 et M2. Ces peptides sont de tailles plus grandes que celles attendues lors d'une digestion extensive d'une paire de segments trans-membranaires. Les masses apparentes, actuellement

Résultats et discussions

obtenues pour ces peptides, sont de respectivement 12 kDa pour la digestion réalisée sur la conformation E_2-K^+ (Figure III.3 ligne B) et de 12kDa et 15 kDa pour celle effectuée sur la conformation E_2-VO_4^{3-}. Les sites de clivages potentiels pour la tryspine (i.e Lys^{163},Lys^{178},Lys^{181},Lys^{187},Lys^{204} et Arg^{208}) semblent être protégés. Rien ne nous permet ici de définir les raisons de cette mise en protection. Cette partie de la sous-unité alpha de la H^+,K^+-ATPase semble impliquée dans un changement de conformation important ayant lieu au niveau de la boucle cytoplasmique joignant les segments M2 et M3 entre les deux conformations principales. Certaines parties de la H^+,K^+-ATPase sont protégées de l'action protéolytique par une insertion membranaire, comme démontré pour la région C-terminale de la H^+,K^+-ATPase (Munson et al.2000) et de la Na^+,K^+-ATPase (Shainskaya et Karlish,1994).

III.2.5.2 Région comprenant M3 et M4 :

M3 et M4 ont été identifiés dans toutes les conditions de protéolyses réalisées. Aucune différence n'a été mise en évidence entre les peptides obtenus par digestion des conformations E_1 et E_2-VO_4^{3-} (voir figure III.15, III.17 et III.18). Cependant, le peptide généré lors de la protéolyse de la conformation E_2-K^+ commence 12 acides aminés en aval (Ile^{280} cf Thr^{292}). Il semble donc que la partie peptidique située juste en amont de M3 (boucle joignant M2 à M3) soit bien impliquée dans un changement de conformation. La transition de la conformation E_1 à la conformation E_2 semble donc induire une déstabilisation du segment M3 couplée à stabilisation accrue de M4. En effet, puisque M3 semble plus court de 12 acides aminés sur la conformation E_2 et que la masse apparente du peptide semble plus grande sur cette conformation principale, il faut donc que le site de clivage représentant M4 soit déplacé d'un certain nombre d'acides aminés. Ceci représente un allongement, et donc une stabilisation vis-à-vis de l'action protéolytique, de la zone située juste en aval de M4 sur la conformation E_2. Il est à noter que l'Asp^{385} est probablement compris dans ces peptides protégés et associés à la membrane. Ceci peut suggérer que le site de phosphorylation soit très proche de la membrane dans cette conformation. Ces résultats mettent en évidence, une fois de plus, la résistance vis-à-vis de la protéolyse de la première partie de cette boucle cytoplasmique suivant M4. Cette région fait d'ailleurs partie d'une zone particulièrement résistante à la protéolyse (le Maire et al.,1993 ;Capasso et al.1992). En conclusion, il semble que les segments trans-membranaires M3 et M4 puissent être impliqués dans un changement conformation lors de la transition entre les deux conformations principales E_1 et E_2. Cette modification peut se résumer à une stabilisation accrue de M4 s'accompagnant d'une déstabilisation de M3 sur la conformation E_2.

III.2.5.3 Région de la large boucle cytoplasmique :

Nous montrons ici que le peptide commençant à l'Asp^{574} et s'étendant probablement jusqu'à l'Arg^{693} (Figure III.3 et figure III.18) est associé à la membrane sous certaines conditions. Les 11 sites de trypsinolyse potentiels contenus par ce peptide sont protégés. Le peptide est uniquement présent dans les conditions induisant la conformation que nous appelons E_2-VO_4^{3-}. Comme le VO_4^{3-} est un analogue du PO_4^{3-}, il pourrait influencer la structure de la large boucle cytoplasmique de la même manière. D'autres expériences suggèrent que ces modifications de structure de la large boucle cytoplasmique sont possibles (Gasset et al.,1997). Il a déjà été démontré qu'un autre fragment (517-605), adjacent à la lys^{516} de la large boucle cytoplasmique, est trouvé en interaction avec la membrane après protéolyse (Besancon et al.,1993).

L'analyse par calorimétrie différentielle de la H^+,K^+-ATPase révèle la présence de deux températures de transition, représentant la dénaturation thermique, pour le domaine de la large boucle cytoplasmique. A la suite du changement de conformation (ayant lieu entre la conformation E_1 et la conformation E_2) le pic représentant la température de transition la plus haute disparaît. Au même moment, le pic représentant la température de transition la plus basse est quant à lui modifié de manière significative. La protection vis-à-vis de la dénaturation thermique pourrait être due à des modifications d'interactions entre domaines. Celle-ci pourrait également être due à une insertion de certaines zones de cette boucle dans la membrane, comme discuté par Gasset et al.. La position, proche de la membrane, du F.I.T.C (se liant dans cette zone) a également été mise en évidence (Jackson et al.,1983). Le résultat obtenu dans cette partie suggère une interaction possible de cette boucle avec la membrane. Cette interaction serait de plus modifiée par des changements de conformations durant le cycle catalytique.

III.2.5.4 Région des segments trans-membranaires M5 et M6 :

Les segments trans-membranaires M5 et M6 sont supposés être indispensables au transport actif d'ions au travers de la membrane pour cette classe d'enzyme. Des expériences utilisant des protéases, en présence ou non de K^+ ou de Rb^+ (analogue du K^+ dans cette expérience), ont permis de mettre en évidence l'existence de segment trans-membranaires possédant une capacité d'occlusion (Munson et al.,1991 ;Rabon et al.,1993). Les segments trans-membranaires M5 et M6 contiennent également le site de fixation de l'omeprazol (Cys^{822}). Comme l'omeprazol est un inhibiteur à caractère compétitif vis-à-vis du K^+ dans le cas de cette protéine, M5 et M6 sont suspectés jouer un rôle privilégié dans le mécanisme de transport du K^+. Les raisons pour lesquelles il existe des différences, entre les peptides issus des différentes protéolyses, ne sont pas claires. Le peptide obtenu sur la conformation E_1 commence à l'Asn^{793} (site de clivage représenté par la Lys^{792}), tandis que ceux obtenus sur les conformations E_2 et E_2-VO_4^{3-} commencent à l'Asn^{754} (site de clivage représenté par la Lys^{753}). Le peptide issu de la conformation E_1 est donc plus court de 39 acides aminés par rapport aux deux autres. Entre ces deux sites de clivages il y a trois autres sites potentiels (Arg^{777}, Lys^{784}, et Lys^{785}). Aucuns de ces sites ne semblent être accessibles sous les conformations de type E_2. Il est évident qu'il existe une large modification de structure, dans la région du segment trans-membranaire M5, entre les conformations E_1 et E_2. La protection de ces sites par la membrane pourrait impliquer un mouvement de translation des segments trans-membranaires M5 et M6. La déstabilisation sélective de la position des segments M5 et M6 en absence de K^+ (en condition induisant la conformation E_1) a été proposée par Gasset et al.(1999). Ce mouvement de translation perpendiculaire au plan de l'interface lipide/eau, devrait inclure 29 acides aminés (l'Asn^{754} jusqu'à la Lys^{785}). Ce mouvement transversal peut trouver son origine dans une baisse significative de la stabilité membranaire de M5 en absence de K^+. Dans ce cas, ce mouvement pourrait ne pas être directement lié au phénomène de transport. En effet, lors de la mise en évidence de cette stabilisation accrue des segments trans-membranaires M5 et M6, de nombreuses perturbations structurales peuvent être attendues. La première de celle-ci est directement liée à la technique utilisée pour mettre en évidence cette stabilisation. La trypsinolyse extensive effectuée, lors de ces expériences, sur la H^+,K^+-ATPase ainsi que la Na^+,K^+-ATPase, sous-entend évidemment de fortes perturbations structurales induites par l'élimination de grandes portions de la structure. De plus le relargage de ces segments trans-membranaires, lors de ces expériences, est induit à la suite d'un choc thermique. Il semblerait que ce phénomène pourrait être directement lié à ces perturbations et non pas à l'activité catalytique de transport. Nos résultats vont dans ce sens puisque le peptide représentant les segments trans-membranaires M5 et M6 reste associé à la membrane, dans notre cas, et ceci également en absence de K^+. De plus, nos résultats d'insertion membranaire des segments M5 et M6 indiquent que celle-ci ne peut pas se faire sur les segments seuls issus de la conformation E_1. Dans ce cas, seule une partie de M5 est présente et celle-ci ne semble par permettre à elle seule l'insertion membranaire. Une insertion membranaire de M5, n'impliquant que la seconde moitié de celui-ci sur E_1, comme en accord avec un mouvement de M5 perpendiculaire au cours du cycle catalytique, semble donc peut probable. Il semblerait que ce résultat soit plutôt une preuve de l'existence d'une perturbation de la stabilité entre domaines membranaires induite par l'absence de K^+, plutôt que le signe d'un mouvement transversal lié à l'activité de transport. Cette perturbation d'interaction entre domaine membranaire pourrait être induite par une modification significative de la structure membranaire de certaines zones, principalement centrées sur le segment M5. Cette hypothèse d'interaction entre domaines trans-membranaires est confortée par l'analyse de l'hydrophobicité de M5. L'existence d'un grand nombre de résidus chargés sur ce segment ne devrait pas faciliter l'insertion membranaire de celui-ci. De plus, les résultats d'insertions membranaires de ces segments obtenus par l'équipe de Sachs (Bamberg et Sachs 1994) montrent également la difficulté à stabiliser ces segments trans-membranaires. Cette stabilisation membranaire passerait donc nécessairement par l'existence d'interactions entre domaines membranaires. Les résultats, obtenus lors de l'étude du phénomène d'occlusion sur la H^+,K^+-ATPase ainsi que la Na^+,K^+-ATPase (Munson et al.,1991 ; Capasso et al. ,1992 ; Rabon et al, 1993), montrent le caractère coopératif des interactions entre domaines membranaires dans ce processus. Les raisons ainsi que les mécanismes, régissant cette stabilisation membranaire, ne sont pas élucidés à l'heure actuelle. Une explication impliquant directement la structure secondaire de M5 sera proposée dans la suite de ce travail. Comme nous le verrons cette hypothèse, propre à la H^+,K^+-ATPase ainsi qu'à la Na^+,K^+-ATPase, pourrait expliquer le phénomène de co-transport observé sur ces deux enzymes. Cette hypothèse ne présume pas nécessairement de l'existence de mouvement transversal de M5 lors du cycle catalytique. Elle se base plutôt sur une augmentation des interactions entre domaines membranaire lors du passage de la conformation E_1 à la conformation E_2. Cette augmentation d'interactions pourrait expliquer le résultat de protéolyse observé par nous sur les segments trans-membranaires M5 et M6.

III.2.5.5 Région des segments trans-membranaires M7 et M8 :

Les digestions font apparaître, quelle que soit la conformation, un même peptide comprenant les segments trans-membranaires M7 et M8. Aucun changement de conformation n'a été observé entre les conformations E_1 et E_2 pour cette région. Il est à noter que ces segments sont liés aux phénomènes de transport de cation au travers de la membrane. Les segments M7 et M8 semblent détenir la majorité de la capacité d'occlusion du Rb^+. Une implication des autres segments trans-membranaires n'est pas pour autant à exclure (Munson et al.,1991 ; Capasso et al.,1992 ; Rabon et al.,1993 ; Koenderink et al., 2001). Un peptide protégé, d'une masse apparente de 20 kDa (segments trans-membranaires M7 à M10), est généré par protéolyse après digestion en présence de Rb^+ (Rabon et al.,1993). Ceci est en faveur de l'implication de plusieurs segments trans-membranaires lors du phénomène d'occlusion observé.

III.2.6 Conclusions relatives à l'étude topologique membranaire :

Nos résultats nous permettent de proposer un modèle d'insertion membranaire de la H^+,K^+-ATPase contenant 10 segments trans-membranaires. Ce modèle est conforté par nos résultats de trypsinolyse ainsi que par notre étude du potentiel d'insertion membranaire. Nos résultats permettent d'expliquer les anomalies obtenues par d'autres équipes, et plus particulièrement celles inhérentes à l'insertion membranaire des segments trans-membranaires M5 et M6. Nous pouvons donc conforter et proposer sur base de nos résultats la localisation topologique des 10 segments trans-membranaires présents sous la sous-unité alpha de la H^+,K^+-ATPase, ainsi que les modifications d'accessibilité subies par la zone membranaires entre les différentes conformations principales. Ceci nous permet de proposer et positionner, sur base de nos expérience de trypsinolyse, l'existence de modifications structurales associées à la zone membranaire de la H^+,K^+-ATPase en fonction du type de conformation adoptée. L'existence des intermédiaires principaux E_1 et E_2 étant intimement liée au phénomène de fixation ionique membranaire, puisque ceux-ci sont générés en présence ou non des ligands spécifiques de la H^+,K^+-ATPase, nous pouvons directement relier ces modifications structurales aux segments trans-membranaires impliqués par la fixation ionique. Néanmoins, la précision de notre approche ne nous permet pas d'extrapoler, sur base de nos résultats, le type de modifications structurales subies par ces segments trans-membranaires au cours du cycle catalytique. Par conséquent, nous ne pouvons pas non plus déterminer les différentes implications, de ces modifications de structures, sur l'organisation des sites de fixation ionique en tant que telle. Néanmoins, nous pouvons valider un certain nombre d'hypothèses concernant la structure ainsi que le mode de fonctionnement de la H^+,K^+-ATPase et par-là, vu les similitudes existant entre les différentes protéines formant se groupe enzymatique, à l'entièreté des P-ATPases. Ces différentes hypothèses peuvent s'énoncer de la manière suivante :

1. Une topologie membranaire caractérisée par l'existence de 10 segments trans-membranaires doit effectivement être envisagée pour la H^+,K^+-ATPase.
2. Certaines modifications structurales peuvent être mises en évidence, pour la zone membranaire, en fonction de la présence ou non des ions à transporter. Elles peuvent être directement reliées aux conformations principales E_1 et E_2.
3. Les modifications structurales de la zone membranaire, au cours du cycle catalytique, affectent la majorité des segments trans-membranaires, et plus particulièrement les segments trans-membranaires M5 et M6.
4. Les modifications structurales des domaines membranaires peuvent être reliées également aux modifications structurales observées pour la large boucle cytoplasmique. En effet les conditions d'obtention des différents intermédiaires structuraux sont similaires à celles qui ont conduites à la définition de ces intermédiaires sur base des modifications d'accessibilité de la large boucle cytoplasmique (voir § I.2 et I.3.2). Il existe donc bien une relation structurale entre ces deux zones.
5. La fixation ionique membranaire de K^+ semble suffire à l'initiation des principales conformations présentes au sein du cycle catalytique.
6. L'intermédiaire phosphorylé, en terme de topologique membranaire, suggère un positionnement mixte permettant à celui-ci un basculement vers l'une ou l'autre des conformations principales. L'étape d'hydrolyse de l'ATP apparaît donc comme intermédiaire médian la fixation ionique membranaire.

Afin de mieux comprendre les mécanismes liant les structures principales de la zone membranaire de la sous-unité alpha de la H^+,K^+-ATPase au mécanisme de transport d'ions au travers de la membrane, il nous faut maintenant tenter d'obtenir plus d'informations sur le type de modifications structurales impliquées et leurs répercussions sur le processus de fixation ionique. Pour ce faire, nous allons tenter d'obtenir la structure complète de la sous-unité alpha de la H^+,K^+-ATPase pour les différents intermédiaires structuraux principaux. Nous espérons ainsi pouvoir comprendre comment les modifications de la zone membranaire, identifiées par nous, peuvent expliquer le phénomène de fixation ionique et par-là le mécanisme de transport d'ions au travers de la membrane.

III.3 Modélisation tri-dimensionnelle de la sous-unité alpha de la H^+,K^+-ATPase :

III.3.1 Introduction :

Les résultats obtenus jusqu'à présent nous permettent de proposer un modèle topologique d'insertion membranaire en accord avec la structure de la Ca^{++}-ATPase. Celui-ci contient 10 segments trans-membranaires reliés entre eux par l'intermédiaire de 4 boucles cytoplasmiques. Il semblerait donc que ces deux ATPases puissent posséder une même structure globale, en termes de topologie membranaire. Les limitations de notre approche ne nous permettent pas cependant de comprendre les différents mécanismes régissant le transport actif d'ions au travers de la membrane. Afin d'augmenter la précision de notre investigation nous allons utiliser la modélisation assistée par ordinateur et nous démontrerons la performance de cet outil.

La modélisation par analogie structurale base la modélisation sur une structure de référence. Cette structure de référence, accessible dans une banque de donnée, sera utilisée comme guide lors du processus de modélisation. Le choix de cette structure est bien évidemment crucial et est soumis à différentes contraintes. L'une de ces contraintes porte, bien évidemment, sur l'existence d'une structure commune entre la protéine d'intérêt et celle dont la structure sera utilisée comme référence. Le second paramètre important est l'alignement effectué entre la séquence de la protéine d'intérêt et celle dont la structure cristalline est utilisée comme référence. Cet alignement sera utilisé pour calquer la structure de référence et ainsi obtenir une base de travail pour la procédure de modélisation. Toutes les zones non alignées sont, sur base d'une banque de données structurales de boucles, modélisées sur base d'existence de similarités séquentielles. A ce moment, l'alignement doit atteindre un seuil considéré comme statistiquement valide. Si la procédure de modélisation permet d'obtenir une structure calquée contenant des modifications compatibles avec les zones alignées, une procédure de minimisation d'énergie sera lancée. Une fois le modèle obtenu, sa qualité et sa validité seront vérifiés de manière théorique ainsi que par recoupement à l'aide résultats expérimentaux.

L'analyse de protéines membranaires, de par leur position au sein d'un environnement anisotrope (représenté par la différence de constante diélectrique entre la bicouche et le milieu aqueux), impose comme nous le verrons une adaptation de certains paramètres. Cette insertion membranaire est dictée par le caractère hydrophobe des zones s'insérant dans la membrane. L'importance de celles-ci dans le reploiement structural étant primordiale, nous avons décidé de l'imposer à notre structure de modélisation. Comme l'alignement est calculé sur base de similitudes séquentielles, celui-ci ne tient absolument pas compte du paramètre d'hydrophobicité associé aux acides aminés, mais se base sur une probabilité de remplacement par mutation spontanée de chacun des acides aminés permettant le maintien de l'activité enzymatique de la structure. Au niveau des segments trans-membranaires, la substitution d'un acide aminé hydrophobe par un autre n'a généralement que peu de répercussion sur l'insertion membranaire. Il est donc assez fréquent d'obtenir un faible taux d'identité, entre protéines proches, pour ces segments trans-membranaires. Afin de résoudre le problème représenté par la faible identité de séquence rencontrée dans les zones membranaires, notre stratégie sera d'imposer les résultats issus de l'étude topologique à la procédure d'alignement. Nous démontrerons par ceci, que l'ajout de cette contrainte dans l'approche de modélisation améliore de manière significative la qualité du modèle obtenu et qu'elle apporte une avancée significative dans l'étude des protéines membranaires en générale.

Résultats et discussions

III.3.2 Procédure de modélisation :

La procédure peut se diviser en 4 étapes distinctes. Nous utiliserons l'interface de modélisation Deep-View 3.7 (Guex N et al. ; 1996 ;1997 ;1999) (http://us.expasy.org/spdbv). Cette interface permet l'automatisation complète de ces 4 étapes. Nous effectuerons certaines d'entre elles de façon automatisée, mais d'autres seront effectuées de manière indépendante et manuelle. Cela sera par exemple le cas de la procédure d'alignement.

III.3.2.1 Choix de la structure de référence (recherche de similitudes séquentielles):

Cette étape se base sur une **recherche de similitudes séquentielles**. Celle-ci a pour objectif de trouver la séquence, de structure connue, possédant suffisamment de similarités avec la séquence de structure inconnue. Ceci peut être obtenu sous Deep-View 3.7 par l'algorithme intégré BlastP2 sur la banque de donnée ExNRL-3D.
La recherche de similitudes séquentielles effectuée via Deep-View 3.7 s'est faite sur base de la séquence de la H^+,K^+-ATPAse de porc (SP|P19156| ATHA_PIG (ATP4A)) sujet de notre étude. Cette séquence est disponible sous la banque de donnée SWISS PROT / TrEMBL (http://us.expasy.org/sprot/). Le résultat de cette recherche nous a bien entendu dirigé vers les structures obtenues pour la Ca^{++}-ATPase (Toyoshima et al.,2000 ;20002). Ces structures portent respectivement les codes d'identifications PDB , 1EUL et 1IWO. Elles sont toutes les deux obtenues à partir de la Ca^{++}-ATPase Sarcoplasmique (SP|P04191| ATA1_RABIT (ATP2A1)). Leurs structures cristallines peuvent être obtenues dans la banque de données cristallographique PDB à l'adresse http://www.rcsb.org/pdb . La H^+,K^+-ATPase et la Ca^{++}-ATPase, comme nous l'avons vu dans l'introduction, font partie du même groupe fonctionnel appelé P-ATPase (Axelsen et al.,1998). Il est parfaitement possible d'imaginer l'existence de similitudes structurales entre la Ca^{++}-ATPase et la H^+,K^+-ATPase.
L'existence de fortes similitudes structurales entre la Na^+,K^+-ATPase et la H^+,K^+-ATPase sont fortement envisageables. La localisation identique de sites actifs propres à chacune de ces ATPases (comme par exemples le site de fixation de leurs inhibiteurs respectifs) est démontrée par l'utilisation de protéines hybrides (ou chimères) qui maintiennent la fonction et l'activité catalytique (Koenderink et al.,2000 ;2001). Il est donc aisé de replacer certaines zones de l'une de ces enzymes par la même zone fonctionnelle de l'autre sans pour autant détruire l'activité catalytique. Ceci, couplé au fait qu'il puisse exister un certain nombre de similitudes structurales entre la Na^+,K^+-ATPase, la H^+-ATPase et la Ca^{++}-ATPase, permet d'imaginer l'existence de structures communes au sein de ce groupe. Celles-ci ont été observées sur base de la comparaison des structures cristallines disponibles obtenues à basse résolution (Zhang et al. 1998 ; Auer et al.,1998 ; Kuhlbrand et al.,1998 ; Scarborough 1999 ; Hebert et al.,2001,2003).
Notre étude topologique préconise un modèle d'insertion membranaire contenant 10 segments pour la H^+,K^+-ATPase. Ce nombre est en accord avec la structure cristalline de la Ca^{++}-ATPase. Il semblerait donc que ces 2 ATPases puissent partager une structure d'insertion membranaire commune incluant le maintien du même nombre de segments transmembranaires. C'est ce que nous appelons le « maintien du motif hydrophobe ».

III.3.2.2 Détermination de la validité de l'alignement:

Lors de cette étape, un algorithme d'alignement est utilisé pour déterminer le taux d'identité présent entre les différentes structures. Dans le cas de Deep-View 3.7, l'algorithme SIM est pré-intégré, avec un jeu de matrices de type Blosum disponible. Cet algorithme ne prendra en compte que les alignements possédant au minimum 25% d'identité. Ceci afin d'être en accord avec les limites de validité imposées par l'utilisation de Deep-View 3.7. Dans notre approche, les taux d'identité ne sont pas suffisant dans certaines régions de la protéine pour obtenir des résultats univoques. Nous ne ferons donc pas appel à cette étape de manière automatique. Nous tenterons ici, sur base de notre hypothèse du « maintien du motif hydrophobe », d'imposer la position des segments trans-membranaires sur base de celle définie par notre étude topologique. L'importance des similitudes, entre les profils d'hydrophobicitée, a déjà été mise en évidence dans le cas des P-ATPases (Møller et al.,1996). Certaines particularités de ce profil se retrouvent être associées à l'entièreté de sous-classes d'enzymes de ce groupe, tel que le groupe P2 dont font partie la Ca^{++}-ATPase ainsi que la H^+,K^+-ATPase. Comme nous ne pouvons, par manque de précision de notre approche topologique (précision pouvant être estimée égale à 3 acides aminés pour chacune des terminaisons des segments trans-membranaires), imposer la position exacte des différents segments membranaires manuellement. Nous rechercherons dans un premier temps l'algorithme d'alignement donnant les meilleurs résultats en termes de recoupement de la position des segments trans-membranaires par rapport à notre analyse topologique.

Le taux d'identité global de cet alignement est également important dans notre approche. En effet l'utilisation de l'interface de modélisation Deep-View 3.7 (Guex N et al. ; 1996 ; 1997 ; 1999) implique un taux d'identité global minimum. Une étude est disponible sur la validité d'une approche utilisant le programme Deep-View (Guex N et Peitch M.C ;1997). D'après les résultats de ces travaux, l'obtention d'un modèle à l'aide de Deep-View est représentative (obtention d'un modèle avec maximum 3 Å de déviation moyenne pour plus de 50% des séquences testées) si le taux d'identité global entre la séquence de référence et la séquence de structure inconnue est égale ou supérieure à 30%. Une déviation de moins de 3 Å peut être obtenue pour 63% des protéines partageant entre 40 et 49 % d'identité. Ce taux peut atteindre 79% pour les protéines partageant un taux d'identité de plus de 50%. En dessous de 30% d'identité globale, cette déviation augmente rapidement. La limite inférieure pour ce genre d'approche est donc de 30% d'identité stricte entre les deux séquences utilisées. Nous devons donc, dans un premier temps, vérifier si nous sommes effectivement dans les limites de validité de cette approche.

Nous avons utilisé deux types d'algorithmes différents. Le premier fait appel à des algorithmes semi-manuels. Ces algorithmes permettent une gestion des paramètres tels que la valeur de la matrice de substitution ou la pénalité octroyée aux zones non alignées ou « GAP ». Les algorithmes utilisés dans cette partie sont respectivement SIM-ALIGN et LALIGN (Xiaoquin H et Webb M;1991). Le choix de ces 2 algorithmes d'alignement s'est fait sur base de leurs possibilités de gestion manuelle des variables, ainsi que sur leurs jeux de matrices différents. Le second type, fait appel à un algorithme complètement automatisé prenant en charge la gestion dynamique de ces variables. Il s'agit de l'algorithme ClustalW (Thompson et al.1994).

A l'aide de ces trois algorithmes, nous avons dans un premier temps analysé l'importance de la gestion des paramètres sur le score final du taux d'identité global. En effet, depuis le remplacement des techniques d'alignements manuelles par des approches automatisées et utilisant de puissants algorithmes de calcul, le nombre de ces paramètres n'a cessé d'augmenter. Deux de ces paramètres sont prépondérants, il s'agit du poids des matrices de substitution ainsi que des pénalités octroyées aux insertions ou délétions possibles (« GAP »). Ces matrices, appelées matrices de substitution, reflètent la probabilité de substitution isomorphe d'un type d'acide aminé par un autre. Les matrices de type Blosum (Henikoff & Henikoff, 1992) ont été élaborées sur base de banques de données regroupant des enzymes possédant un certain nombre de blocs de séquences contenant un taux d'identité minium. La blosum45 représente par exemple la probabilité de remplacement d'un type d'acide aminé par un autre dans le cas de blocs de séquences d'enzymes possédant 45% d'identité. Le tableau de la figure III.28 montre le taux d'identité optimal obtenu par ces algorithmes pour différentes matrices de substitution. Un taux d'identité moyen de 29% est obtenu quel que soit le type de matrice utilisée ou le type d'algorithme. Il faut néanmoins noter, que bien que le taux global d'identité ne varie que faiblement, il n'en va pas de même pour l'alignement à proprement dit. Nous avons pu remarquer que le choix des matrices de substitution pouvait modifier de manière significative la position des segments trans-membranaires.

A partir de ce résultat, nous avons comparé la position relative des segments trans-membranaires proposée, en fonction de différents paramètres. Cette comparaison met en évidence que le choix manuel de la matrice de substitution couplé à une valeur de pondération des « GAP » n'atteint pas la pertinence obtenue par l'algorithme Clustal W. En effet, ce programme prend en charge le calcul du choix de matrice optimal ainsi que celui de la pénalité octroyée au « GAP » par l'intermédiaire du calcul d'autres paramètres (Thompson et al.1994). Ces paramètres sont entre autres, l'écart des deux séquences en terme d'identité stricte ou le rapport de leur taille respective. Le résultat obtenu par cet algorithme, en mode automatique, est celui qui défini la position des segments trans-membranaires avec le plus de similitude par rapport à notre approche topologique. Malgré les bons résultats obtenus par cet algorithme, nous avons dû corriger certaines zones afin de refléter avec exactitude la contrainte du « maintien du profil hydrophobe ». Il s'agit principalement des segments M3 et M7. Ceux-ci ont donc été réalignés manuellement sur base de notre étude topologique incluant la prédiction de segments trans-membranaires. Cette modification d'alignement provoque évidemment l'apparition de « GAP » supplémentaires ou une modification de ceux présents. Dans le cas du segment M3, le réalignement a provoqué l'apparition d'un « GAP » juste en amont de celui-ci, et une diminution proportionnelle de celui déjà présent juste en aval. La boucle située en amont du « GAP » positionné en N-terminale (position aval) a été réalignée localement à l'aide de l'algorithme SIM afin de tenir compte, de manière statistique, du changement d'alignement manuel effectué et donc de la présence supplémentaire de ce « GAP ». La boucle située en aval du GAP déjà présent en zone C-terminale a subi le même réalignement. Dans le cas de M7, le côté C-terminal seul a été réaligné. Nous n'avons donc réaligné localement, à l'aide de SIM, que la zone située en aval du « GAP ». Ces différentes zones réalignées, à l'aide de l'algorithme SIM, sont délimitées par les « GAPs » présents. D'un côté, il s'agit du « GAP » généré ou modifié par notre alignement manuel, basé sur nos résultats topologiques, de l'autre c'est un « GAP » présent et prédit lors de notre alignement primaire. L'alignement ainsi obtenu répond donc aux contraintes suivantes :

- L'alignement possède un taux d'identité global compatible avec le processus de modélisation.

- L'alignement respecte l'hypothèse du maintien du motif hydrophobe.

- L'alignement respecte les contraintes statistiques inhérentes à la substitution d'acides aminés. Il est donc représentatif, puisque les modifications ont été corrigées de manière algorithmique en tenant compte de matrices de substitutions (Blosum).

Comme nous pouvons le voir sur l'alignement de la figure III.29, de nombreuses insertions ou délétions sont présentes. D'après cet alignement, la H^+,K^+-ATPase, par rapport à la Ca^{++}-ATPase, aurait subi 7 délétions de blocs d'au moins 4 acides aminés. Quatre de celles-ci auraient lieu dans la large boucle cytoplasmique, 2 autres dans la zone comprenant les segments trans-membranaires M3 et M4 et une dernière sur la boucle joignant M7 à M8.

Rappelons que cette dernière est apparue suite au réalignement local de cette boucle effectué par l'algorithme SIM. Cette boucle contient également une large insertion. Elle pourrait donc s'écarter nettement de la structure présente sur la Ca^{++}-ATPase. Ceci est en accord avec l'hypothèse d'une spécificité possible de cette boucle vis-à-vis de la sélection pour le K^+ et d'une interaction spécifique de cette région avec la sous-unité Bêta (Koenderink et al.,2000 ; Lemas et al.,1994 ; 1994b).

Une étude portant sur la comparaison structurale de la Na^+,K^+-ATPase avec la Ca^{++}-ATPase (Sweader et Donnet, 2001) met également en évidence de telles délétions pour cette zone, malgré le fait que l'alignement effectué lors de cette étude n'ait pas été réalisé avec ClustalW. En ce qui concerne la boucle cytoplasmique, cette étude met également en évidence un alignement partiel de celle-ci, entre la Na^+,K^+-ATPase et la Ca^{++}-ATPase, de l'ordre de 80% à 90%. Dans notre cas, l'ensemble des « GAPs » présents sur l'alignement effectué entre la H^+,K^+-ATPase et la Ca^{++}-ATPase représente en première approximation 15% des acides aminés constituant la large boucle cytoplasmique. Par conséquence, le taux d'alignement partiel, présent entre la H^+,K^+-ATPase et la Ca^{++}-ATPase pour cette zone, est de 75% et donc du même ordre de grandeur que celui présent sur l'alignement effectué entre la Na^+,K^+-ATPase et la Ca^{++}-ATPase (Sweader et Donnet, 2001). La zone C-terminale, quant à elle, serait approximativement de la même taille (à 8 acides aminés près). L'alignement utilisé lors de cette étude structurale de la Na^+,K^+-ATPase a été réalisé à l'aide de l'algorithme d'alignement Gapped-Blast (Allschul et al.,1997) disponible sous l'interface Cn3D 3.0 (www.ncbi.nlm.nih.gov). Lors de cet alignement, le paramètre de pondération de la matrice (de type Blosum) a été fixé à Blosum62. Ce taux d'identité n'est pas celui présent entre la H^+,K^+-ATPase et la Ca^{++}-ATPase, ni entre la Na^+,K^+-ATPase et la Ca^{++}-ATPase. Malgré tout, les auteurs de cet article ne considèrent pas cet argument comme important dans le cas d'une déviation dans l'alignement due à ce paramètre. Pour inclure cette possibilité, nous avons utilisé ClustalW, qui lui possède une possibilité de gestion dynamique de ce paramètre. Malgré cette différence, et donc le choix arbitraire de leur paramètre d'alignement, il semblerait que notre alignement basé sur un choix de matrice algorithmique automatisé soit similaire, dans ces grandes lignes, à celui obtenu par cette équipe pour la Na^+,K^+-ATPase. L'essentielle des modifications d'insertions ou de « délétions » est proposée dans les mêmes zones. Ceci laisse penser que le choix de la matrice Blosum 62, comme matrice par défaut, pourrait être un choix valable comme première approche. Dans notre cas le choix de la matrice blosum62, lors de la procédure d'alignement, n'a pas donné un alignement suffisamment compatible avec notre hypothèse du maintien du motif hydrophobe. En effet, cet alignement possède 4 segments trans-membranaires potentiels non alignés, dans les limites de notre précision d'approche, par rapport à la position prédite par notre analyse topologique. Les tentatives d'obtention de modèles à partir de cet alignement (ainsi que celles basées sur une même approche) ont toutes échouées (résultats non présentés). Néanmoins, il est à noter que cet alignement, malgré l'existence de modifications manuelles convient à la modélisation des deux intermédiaires et il a donc été appliqué avec succès à deux structures cristallines différentes.

III.3.2.3 Modélisation de la sous-unité alpha de la H^+,K^+-ATPase :

C'est l'algorithmes PROMODII (Peitch et al.,1996), implanté au sein de Swiss-Model (Peitsch MC et al. ;1993 ; 1995 ; 2000), qui effectue cette tâche. La superposition des structures de la H^+,K^+-ATPase sur la structure connue de la Ca^{++}-ATPase se base dans un premier temps sur l'alignement obtenu lors de l'étape précédente (voir figure III.29). Ensuite, différentes étapes sont effectuées en cascade. Parmi celles-ci, citons la génération d'alignements multiples pour les zones non alignées, lors de l'alignement primaire, avec des séquences provenant d'une banque de données structurales. Cette procédure permet au

Résultats et discussions

serveur de modélisation de proposer des structures tridimensionnelles pour les zones non alignées. Ainsi, il effectue une reconstruction de boucle basée sur la structure de celles possédant suffisamment d'identité par rapport à la zone non alignée. Une procédure de minimisation d'énergie est ensuite appliquée à ces nouvelles boucles modélisées ainsi qu'à l'entièreté de la structure modélisée. Tout ceci aboutit à la génération d'une nouvelle structure pour la séquence d'intérêt. La modélisation des boucles incluses dans des « GAPs »est réalisée à l'aide de la banque de données structurales de boucle incluse dans Deep-view 3.7 et disponible à l'adresse http://www.rcsb.org/pdb/tools . Cette procédure a été réalisée pour les deux conformations disponibles de la Ca^{++}-ATPase. Pour le modèle représentant E_1, nous avons utilisé la structure cristalline 1EUL (Toyoshima et al.,2000) de la Ca^{++}-ATPase disponible sur le site http://www.rcsb.org/pdb/ . En ce qui concerne la modèle représentant E_2, nous avons utilisé la structure 1IWO (Toyoshima et al.,2002) de la Ca^{++}-ATPase également disponible sur ce site.

III.3.2.4 Etape de Raffinement (minimisation d'énergie):

La nouvelle structure nécessite une procédure de raffinement incluant une minimisation d'énergie (effectuée dans notre cas par l'algorithme Gromos96) et une procédure de dynamique moléculaire. Une procédure de minimisation d'énergie a été effectuée sur les modèles obtenus pour les conformations E_1 et E_2 de la sous-unité alpha de la H^+,K^+-ATPase, après génération de ceux-ci par les serveurs PromodII. Cette procédure de minimisation a été effectuée en deux étapes à l'aide de l'algorithme Gromos96 (van Gunsteren et al.,1996) en utilisant le champ de force Gromos43B1. La première partie de cette minimisation a portée sur 200 cycles de « descente raide » (« Steepest descend »), la seconde sur 300 cycles de « gradient conjugué » (« Conjugate gradient »). Le choix des paramètres de minimisation s'est fait sur base d'une procédure similaire, utilisée avec succès, pour la proton ATPase de *Neurospora crassa* (Radresa et al.,2002).

III.3.3 Validation physico-chimique des modèles générés pour la H^+,K^+-ATPase :

Avant d'utiliser nos modèles comme outils de réflexion il nous faut dans un premier temps nous assurer de leur qualité. Pour se faire, nous avons soumis nos deux modèles à des algorithmes de calcul des paramètres physico-chimiques de structure tels que l'énergie de conformation ou la valeur des angles de liaison des différents acides aminés. Comme contrôle, nous avons comparé les résultats obtenus pour nos modèles avec ceux obtenus sur les structures cristallines utilisées comme structures de référence. Pour réaliser ceci, nous avons utilisé Gromos96 disponible sous l'interface Deep-view 3.7 et ProCheck V3.5 (Nishikawa et al.,1983 ;Morris et al.,1992 ;Laskowski et al.,1993). Le tableau III.30 représente les énergies conformationelles, obtenues par nos deux modèles, comparées à celles obtenues pour les deux structures de référence de la Ca^{++}-ATPase. Ces chiffres ont été obtenus à l'aide de l'algorithme Gromos96 sous le champ de force Gromos43B1 dans des conditions de vide absolu. Ces conditions ne représentent pas la réalité physiologique. Cette valeur d'énergie représente l'énergie théorique de la structure tertiaire de la protéine, résultant de l'interaction entre les différents atomes la constituants. Une valeur trop importante témoigne d'une déstabilisation énergétique et par là d'une faible probabilité d'existence. Nous pouvons constater, à la vue de ces tableaux, que les énergies calculées pour nos modèles de la H^+,K^+-ATPase sont 2 fois plus basses que celles obtenues pour la Ca^{++}-ATPase. Il semblerait donc que, d'un point de vue énergétique et sous nos conditions de calcul, nos structures modélisées soient plus stables que celles de la Ca^{++}-ATPase.

L'algorithme ProCheck permet de quantifier la qualité d'une structure selon différents paramètres associés à la géométrie de chacun des acides aminés constituant cette structure. Le

49

Résultats et discussions

contrôle est donc essentiellement d'ordre stéréochimique. Il est bien clair que ce contrôle ne peut pas être à lui seul représentatif. Il permet néanmoins de remarquer la bonne qualité stéréochimique de nos modèles obtenus sur deux structures cristallines à l'aide d'un même alignement. Les structures cristallines utilisées comme références ont été respectivement obtenues à une résolution de 2.6 Å pour la structure 1EUL (représentant la conformation E_1) et 3.1 Å pour la structure IWO (représentant la conformation E_2) (Toyoshima et al,2000 ;2002). Le programme de validation de structure Procheck utilise une série de paramètres géométriques pour valider une structure. Ces paramètres vont être comparés ici à leur valeur pour une série de structures connues. Le premier de ces paramètres est le pourcentage de résidus positionnés correctement dans le diagramme Ramachandran (Ramachandran et al.,1963 ;1968).

La chaîne polypeptidique se trouve être une succession d'unités peptidiques liées entre elles par les carbones α. Par convention l'angle de rotation autour de la liaison N-Cα est appelé angle Phi (φ), et l'angle de rotation autour de la liaison Cα-C' (C' est le carbone portant la fonction carboxylique) à partir de ce même C est appelé angle Psi (ψ). Si nous portons ces deux angles sur un graphique, nous construisons un espace à deux dimensions appelé carte de Ramachandran. De par l'encombrement stérique, résultant entre autre de la présence d'une chaîne latérale sur le carbone α (Cα), certaines combinaisons de ces valeurs sont interdites. Une exception est faite pour le résidu Glycine dont la chaîne latérale est un hydrogène. Les zones permises pour cet acide aminé sont donc bien plus étendues que celles autorisées pour les autres acides aminés (Richardson et al.,1981). Pour les Prolines, la chaîne latérale est liée aux Cα mais également à N de façon à former une structure cyclique. Cette structure limite bien évidemment les combinaisons de valeurs d'angles permises et particulièrement le degré de liberté de la liaison N-Cα. La proportion d'acides aminés possédant une combinaison de valeurs d'angles φ-ψ non autorisée peut donner une bonne indication de la validité d'une structure.

Le second paramètre utilisé est la déviation standard du modèle par rapport à la structure plane des liens peptidiques. L'unité peptidique incluant le lien peptidique est plane suite à la délocalisation des électrons entre les groupes C=O et N-H. Ce paramètre calcule la déviation standard de l'angle de torsion Omega par rapport à sa valeur idéale de 180° pour l'entièreté de la structure.

Le troisième paramètre est le calcul du nombre de mauvaises interactions entre atomes non liés. Ce paramètre représente le nombre de mauvaises interactions par 100 résidus dues à des répulsions de type Van der Waals entre atomes non liés.

Le quatrième paramètre calcule la déviation standard de la valeur globale de l'angle de torsion Zeta. Cet angle de torsion Zeta rend compte de la structure tétraédrique du Carbone α qui se trouve sous une hybridation de type sp^3. Par conséquent ces 4 orbitales doivent être dans une conformation tétraédrique. Le reploiement induit nécessairement des modifications par rapport à la normalité idéale. La déviation standard globale donne donc une indication des torsions subies par les carbones α le long de la chaîne peptidique.

Le cinquième paramètre utilisé est la mesure de la déviation standard de l'énergie des liaisons hydrogènes présentes sur la chaîne peptidique (Kabsh et Sander,1983).

Le dernier paramètre utilisé est le calcul de Facteur G global. Ce facteur représente la valeur de la normalité de la structure par rapport à une série de valeurs d'angles de liaisons, de torsions, et de longueurs de liaisons. Nous pouvons citer entre autre les angles φ et ψ, Chi1 et Chi2 (relatif à la conformation de la chaîne latérale), l'angle de torsion Zeta, ainsi que les valeurs des longueurs de liaisons peptidiques et leurs angles respectifs. Les valeurs de ces angles sont dérivées d'une banque de données de structures de protéines non homologues obtenues à une résolution d'au moins 2.0 Å. La comparaison des longueurs des liens peptidiques ainsi que de leurs angles est faite sur base de la banque de données établie par

Engh R A & Huber R (1991). Il est à noter que ces banques de données structurales contiennent essentiellement des résultats issus de protéines solubles. Ce paramètre rend compte de la normalité d'une structure par rapport à ce que l'on retrouve pour une série de protéines solubles.

III.3.3.1 Validation théorique du modèle représentant la conformation E_1 :

La structure cristalline de référence utilisée pour générer le modèle de la sous-unité alpha de la H^+,K^+-ATPase a été la structure 1EUL de la Ca^{++}-ATPase obtenue à une résolution de 2.6 Å. La figure III.31 montre les graphiques représentant les 6 paramètres utilisés pour la validation de structure à cette résolution dans le cas de la Ca^{++}-ATPase, ainsi qu'un tableau résumant les valeurs obtenues pour ceux-ci ainsi que ceux généralement obtenus à cette résolution pour d'autres protéines. La zone bleue représente le couple de valeurs et résolutions tolérées pour chacun des paramètres de contrôle. Cette zone s'étend sur la valeur d'une déviation standard de chaque côté (95% des cas). Nous pouvons remarquer que pour le cas de la Ca^{++}-ATPase, cette structure est parfaitement validée pour une résolution de 2.6 Å. Nous pouvons remarquer qu'en ce qui concerne les paramètres de déviation standard de l'angle de torsion Omega, de la déviation standard de l'angle de torsion Zeta et la valeur global du facteur G la valeur atteinte par ceux-ci est représentative de structure obtenue à meilleure résolution. La figure III.32 montre les mêmes graphiques obtenus pour le modèle représentant la conformation E_1 de la sous-unité alpha de la H^+,K^+-ATPase. Dans ce cas précis la valeur des paramètres, représentant les mauvais contacts entre atomes non liés ainsi que la valeur du facteur G global, sont même meilleures que celles observées généralement à une telle résolution. La figure III.33 montre le diagramme Ramachandran obtenu pour la Ca^{++}-ATPase ainsi que la proportion d'acides aminés présents par région. Ce tableau reprend 4 types de région. La première de celle-ci est appelée « Core » ou « favoured region », cette région se divise en trois zones représentées en rouge sur le diagramme. Cette région représente les combinaisons de valeurs les plus généralement retrouvées. La région située dans le cadran supérieur gauche représente les combinaisons d'angles généralement associées à une structure de type feuillet Bêta. Celles situées dans le cadran inférieur gauche, représentent les valeurs associées à une structure de type Hélice Alpha droite. La zone située dans le cadran supérieur droit représente les combinaisons de valeur généralement associées aux structures de type hélice alpha gauche. Ces trois zones sont élargies à ce que l'on appelle les régions additionnelles (en jaune sur le diagramme). Au-delà de ces régions se trouve encore une zone appelée « région généreusement associée » (en jaune clair sur le graphique). Cette région contient les valeurs possibles mais non majoritaires pour chaque structure. L'entièreté de ces zones représente donc celles autorisées pour la conformation de la chaîne peptidique. La dernière, non colorée sur le diagramme, est la zone non autorisée. Dans le cas de la Ca^{++}-ATPase 78.5% des résidus (sans compter les glycines et prolines qui de par leur structure particulière ne sont pas prises en compte lors du calcul) sont présents dans la zone la plus probable. La figure III.34 montre ce même diagramme obtenu pour la H^+,K^+-ATPase, dans ce cas ci 79.4% des acides aminés sont présents dans cette zone. Idéalement, un modèle est considéré comme valide à haute résolution, si au moins 90% de ces résidus sont bien positionnés dans cette zone. Dans notre cas, le modèle de la H^+,K^+-ATPase atteint le même chiffre que la structure de la Ca^{++}-ATPase sans pour autant atteindre la valeur idéale de 90%. Il est à signaler que cette zone a été définie sur base de l'analyse de structures de protéines solubles. La bicouche lipidique représente une contrainte non négligeable pour le reploiement de la protéine. Le nombre d'acides aminés possédant une combinaison d'angles φ et ψ non située en zone autorisée et de l'ordre de 0.3 % dans le cas de la Ca^{++}-ATPase et 0.9 % dans le cas de la H^+,K^+-ATPase. Cela représente 3 résidus dans le cas de la Ca^{++}-ATPase et 8 dans le

Résultats et discussions

cas de la H^+,K^+-ATPase. Nous pouvons considérer que le profil de Ramachandran obtenu pour la sous-unité Alpha de la H^+,K^+-ATPase est similaire à celui obtenu pour la Ca^{++}-ATPase, et ceci pour l'entièreté de la protéine. De plus les résidus impliqués dans ces valeurs d'angles non autorisées ne sont pas membranaires. Ceci est important puisque notre approche portera essentiellement sur l'étude de cette zone et plus particulièrement celle impliquant la fixation d'ions.

L'une des différences majeures observées entre les valeurs obtenues pour la Ca^{++}-ATPase et celles obtenues pour la H^+,K^+-ATPase se situe au niveau des mauvais contacts entre atomes non liés. Dans le cas de la Ca^{++}-ATPase ce chiffre atteint 4.9 par 100 résidus, dans le cas de la H^+,K^+-ATPase se chiffre n'atteint que 0.6. Il semblerait donc que les « clashes » de structure dus à un rapprochement trop important d'atomes non liés soit nettement moins courant dans le cas de la H^+,K^+-ATPase que dans celui de la Ca^{++}-ATPase. Ceci est probablement dû à la procédure de minimisation d'énergie subie par notre modèle de la conformation E_1 et pourrait expliquer la différence importante observée en terme d'énergie, lors du calcul de l'énergie de conformation de chacune de ces protéines. Les chiffres, obtenus ici, sont en faveur de la structure modélisée de la sous-unité alpha de la H^+,K^+-ATPase.

III.3.3.2 Validation théorique du modèle représentant la conformation E_2 :

Le modèle représentant la conformation E_2 de la sous-unité alpha de la H^+,K^+-ATPase a été obtenu sur base de la structure cristalline 1IWO (code d'enregistrement pour PDB data base) de la Ca^{++}-ATPase (Toyoshima et al.,2002). Cette structure cristalline a été obtenue avec une résolution de 3.1 Å. L'alignement utilisé lors de cette modélisation n'a pas subi de modification par rapport à celui utilisé lors de la modélisation de la conformation E_1. La suite de validation de structure Procheck a également été utilisée afin de vérifier notre modèle représentant la conformation E_2. La figure III.35 montre les résultats de validation de la structure de référence utilisée comme contrôle, il s'agit donc de la structure IWO de la Ca^{++}-ATPase. Nous pouvons remarquer que les chiffres obtenus pour les différents paramètres ne diffèrent que très légèrement par rapport à ceux obtenus pour la conformation E_1 de la Ca^{++}-ATPase. Cette structure est parfaitement validée à une résolution de 3.1 Å. Dans le cas de la structure de contrôle 1IWO, 5 des paramètres de contrôle sont même meilleurs que ceux généralement attendus pour une structure obtenue à cette résolution. La seule valeur à être similaire à celle attendue pour une telle résolution est la valeur de l'énergie résultant des ponts H présents. Malgré cette valeur, il semblerait sur base des paramètres pris en compte par Procheck que cette structure puisse être validée à une résolution similaire à celle obtenue sur la structure 1EUL. En ce qui concerne la H^+,K^+-ATPAse, la figure III.36 montre les résultats obtenus par Procheck sur cette structure. La valeur de la déviation standard de l'angle de torsion Zeta ainsi que de l'angle Omega sont du même ordre de grandeur que celui attendu à cette résolution pour une structure cristalline. La proportion de résidus possédant une position autorisée sur le diagramme de Ramachandran sont respectivement de 77.2 % et 80.1 % (figure III.37 et III.38) pour la Ca^{++}-ATPase et la H^+,K^+-ATPase. Ces valeurs sont du même ordre de grandeur que celles obtenues précédemment pour les structures représentant la conformation E_1. Dans ce cas ci également, un petit avantage est donnée à la structure modélisée de la H^+,K^+-ATPase. La figure III.37 montre le diagramme Ramachandran obtenu sur la structure 1IWO. On peut remarquer qu'à la différence de celui obtenu sur la structure de référence 1EUL (représentant la conformation E_1), celle ci ne possède pas de résidu mal positionné. Dans le cas de la structure modélisée (figure III.38), on peut constater que, comme pour la structure représentant la conformation E_1 de la H^+,K^+-ATPase, celui-ci possède une proportion de résidus mal positionnés. Cette proportion est de l'ordre de 0.8 % et représente 7 résidus. Les observations effectuées sur la structure modélisée E_1 sont également valables ici.

52

Résultats et discussions

En ce qui concerne la valeur des mauvaises interactions entre atomes non liés. Une même déviation des valeurs entre ces deux structures est observée par rapport à ce que nous avons vu pour les structures précédentes. Dans ce cas-ci également la différence entre la valeur obtenue pour la Ca^{++}-ATPase, égale à 4.5, et celle obtenue pour notre modèle représentant la conformation E_2, égale à 0.5, est la plus forte différence présente entre nos deux structures. Dans ce cas-ci aussi, la structure modélisée semble contenir nettement moins d'anomalies structurales provenant de ce type d'interaction. Les mêmes conclusions que celles obtenues pour le modèle représentant la conformation E_1 de la H^+,K^+-ATPase sont donc applicable ici à la structure modélisée représentant la conformation E_2.

III.3.4 Validations biochimiques des modèles représentant la sous-unité alpha de la H^+,K^+-ATPase :

Comme la qualité stéréochimique ne suffit pas à elle seule, il nous faut maintenant s'assurer de la qualité de nos modèles, représentant la sous-unité alpha de la H^+,K^+-ATPase, par rapport à la réalité biochimique. Pour ce faire nous avons comparé nos structures modélisées avec plusieurs résultats issus d'analyses topologiques antérieures. Différents outils ont été utilisés afin d'étudier sa topologie membranaire : citons entre autres des protéolyses extensives et limitées, l'utilisation d'anticorps dirigés contre certains épitopes, ainsi que le marquage chimique de certains résidus comme les cystéines.

III.3.4.1 Topologie :

L'utilisation de l'anticorps Ab146, connu pour se fixer sur la partie extra cytoplasmique de la sous-unité alpha de la H^+,K^+-ATPase, permet d'identifier la boucle joignant les segments trans-membranaires M7 et M8 (Sachs et al.,1992). La fixation de cet anticorps se fait juste en amont du Glu^{900}. Cette zone est parfaitement modélisée pour nos deux conformations et apparaît parfaitement accessible. Ceci est représenté sur la figure III.39 où cet épitope est coloré en bleu. L'anticorps HK12.18 se fixe, quant à lui, du côté cytoplasmique (Smolka et al.,1991). Son épitope est localisé au niveau de la séquence comprise entre l'Asp^{682} et la Leu^{688} (Smolka et al.2000). Le reploiement de cette boucle est prédit, par nos modèles, comme étant très proche de ce que nous pouvons retrouver sur la Ca^{++}-ATPase. La figure III.39 montre la position relative de cet épitope (en rouge). On peut constater que celui-ci se trouve effectivement prédit en périphérie et donc accessible à l'anticorps. Pour être précis, celui-ci se trouve en périphérie du domaine dénommé P.

III.3.4.2 Site de clivages protéolytiques :

L'accessibilité d'un site potentiel, et donc sa potentialité de clivage est régie par une série de paramètres. Ceux-ci ont été étudiés, entre autre par l'équipe de Hubbart et Thornton, afin de mettre au point une série d'algorithmes capables de prédire avec précision la présence de tels sites au sein d'une séquence protéique (Hubbart et al ;1991 ;1992 ;1994 ;1998). Les différents paramètres ne peuvent pas être considérés indépendamment (Hubbart et al ;1994 ;1998). La nature de ces paramètres ainsi que leur nombre sont encore sujet à controverse. Malgré tout, il semblerait que l'accessibilité de ces sites au solvant, ainsi qu'une certaine flexibilité de la chaîne peptidique aux alentours de ces sites seraient des facteurs essentiels (Hubbart et al. ;.1994 ;1998). Le facteur de flexibilité est évidemment fortement lié à la présence de ponts hydrogènes. En effet, la présence de ponts hydrogènes, dans ou aux alentours du site d'intérêt, a pour effet d'augmenter la stabilité structurale de cette zone. De cette façon, ils pourraient influencer indirectement le phénomène de clivage. D'après les travaux de Hubbart et *al.*, il semblerait qu'un site potentiel pour être effectivement clivé doivent contenir au moins 12 acides aminés capables d'adopter une structure ouverte. En résumé, le clivage est possible pour toutes zones cibles accessibles au solvant et pouvant subir un déroulement local de structure. Tous les paramètres pouvant limiter ce déroulement influencent de manière négative la potentialité de ce site à être clivé par la trypsine.

III.3.4.2.1 *Trypsinolyses antérieures effectuées sur la H^+,K^+-ATPase :*

III.3.4.2.1.1 Sites de clivages donnant naissance aux dénominations E1 et E2 :

Parmi les résultats de trypsinolyse limitée, citons l'une des données les plus pertinentes obtenue sur la H^+,K^+-ATPase. Il s'agit de la trypsinolyse ayant permis la mise en évidence du changement de conformation ayant lieu durant la transition E_1-E_2. (Helmich de Jong et de Vries, 1987). Lors de cette expérience, un site extrêmement accessible est clivé sur la conformation E_1 pour générer deux fragments de respectivement 67 kDa et 35 kDa. Ce site a été identifié, il s'agit de la Lys^{668} (Van Uem et al.,1991). Ce site, parfaitement accessible sur la conformation E_1, est protégé dans la conformation E_2. Dans cette seconde conformation, le clivage induisant la séparation de la sous-unité alpha en deux entités se produit au niveau de l'Arg^{454}. Ce clivage génère deux peptides de respectivement 42 kDa et 56kDa. La figure III.40 montre, entre autres, la position de ces sites sur nos deux modèles respectifs. Nous pouvons rapidement remarquer que l'accessibilité de la Lysine^{668} (En jaune sur la figure) varie considérablement en fonction de la conformation adoptée par la sous-unité alpha de la H^+,K^+-ATPase. Dans la conformation E_1 prédite, ce site est localisé en surface de la protéine, plus précisément en périphérie du domaine P. Le rapprochement du domaine N lors du passage à la conformation E_2 permet la mise en protection de cette lysine. Celle-ci se trouve alors en interaction avec le domaine N et donc en capsulée au sein de la structure protéique. En ce qui concerne le site clivé dans la conformation E_2, l'Arginine^{454} (en vert sur la figure), la variation d'accessibilité se vérifie aussi, elle apparaît moins accessible sur la conformation E_1 (figure III.40).

III.3.4.2.1.2 Sites de clivage donnant naissance à des fragments spécifiques :

Un deuxième site de clivage intéressant, obtenu en conditions de tryspinolyse limitées sur la structure native de la H^+,K^+-ATPase, est le site représentant la terminaison N- d'un fragment soluble. Ce fragment, d'une masse apparente de 27 kDa, a été isolé également sur la Na$^+$,K$^+$-ATPase ainsi que la Ca^{++}-ATPase (Tai et al.,1989 ; Van Uem et al.,1991 ; Tran et al.,1994 ; Champeil et al.,1998). Il représente le domaine N de la large boucle cytoplasmique. Il possède un reploiement capable de permettre la fixation du nucléotide d'une façon identique à ce qui est observé sur la structure native de la protéine. Dans le cas de la Na$^+$,K$^+$-ATPase et de la Ca^{++}-ATPase, ce fragment a été exprimé indépendamment avec maintien de son activité catalytique de fixation du nucléotide (Gatto et al.,1998 ; Moulin et al.,1998 ; Tran et al.,1999). Ceci suggère une stabilisation particulière de la structure de ce fragment et ce, malgré l'absence du reste de la protéine. L'action protéolytique induisant la génération de ce fragment pourrait donc ne pas perturber la structure native de ce fragment. Ceci nous permet d'utiliser ce site comme outil de vérification pour nos structures modélisées. Le site représentant la terminaison N- a été identifié. Dans le cas de la H^+,K^+-ATPase, il s'agit de la Lys^{369} (en bleu sur la figure III.41). Ce fragment est prédit s'étendre jusqu'à l'Arg^{606}. Nous pouvons voir sur la figure III.41, représentant ces deux sites de clivage (en bleu foncé), la position prédite pour ces sites sur les deux conformations étudiées. Nous pouvons constater que ces deux acides aminés se trouvent localisés en surface sur les deux conformations proposées et donc parfaitement accessibles au solvant.

Un troisième site de clivage génère un fragment « protéase-résistant » de 20 kDa. Ce peptide est constitué des segments trans-membranaires M7 à M10 et possède une masse apparente de 20 kDa pour la H^+,K^+-ATPase et de 19kDa pour la Na$^+$,K$^+$-ATPase. Il a été identifié comme celui détenant la faculté d'occlusion du K^+ ou de son analogue, le Rb^+ (Karlish et al.,1990 ; Capasso et al.,1992 ; Rabon et al.,1993 ; Karlish et al.,1993 ; Shin et al.,1993 ;Shainskaya et Karlish, 1994). Ce site a été identifié, dans le cas de la H^+,K^+-ATPase, il s'agit de l'Arg^{847} (en rouge sur la figure). Durant cette expérience, le Rb^+ radioactif a été utilisé comme substitut du K^+. Ceci a permis une visualisation, après trypsinolyse limitée, des peptides associés à la membrane et fixant un cation. L'expérience a donc été réalisée sous la conformation E_2-K^+. L'accessibilité au solvant de l'Arg^{847}, entre les deux conformations prédites, varie de manière drastique (voir figure III.42). Ceci pourrait indiquer une nette augmentation de la probabilité de clivage dans la conformation E_2. Ce peptide serait obtenu à partir de la conformation E_2 mais seulement après clivage de la boucle cytoplasmique. Il semblerait que ce site soit rendu accessible suite à une modification ayant lieu dans la boucle cytoplasmique. Ce site est localisé sur la boucle joignant le potentiel segment trans-membranaire M6 au segment M7. Nos modèles ne prédisent pas de liens H entre cette boucle et une partie de la large boucle cytoplasmique. Une telle interaction pour cette boucle n'a d'ailleurs jamais été proposée par d'autres. Au contraire, il semblerait que cette boucle soit en interaction particulière avec la sous-unité Bêta et qu'elle puisse participer au phénomène de sélection ionique (Shainskaya et al.,2002). Nos modèles prédisent une modification sensible du réseau de ponts H présents sur et aux alentours de cette boucle. Plus particulièrement, la figure III.43 montre les ponts H prédits pour nos deux modèles, impliquant l'Arg^{847}. On peut remarquer que dans le cas de la conformation E_1 prédite, cette Arginine ne forme aucun pont H avec sa chaîne latérale. Dans le cas de la conformation E_2, celle-ci se trouve impliquée dans deux ponts H avec le segment trans-membranaire M5. Ces deux ponts H potentiels se forment entre l'Arg^{847} et un acide aminé de M5, il s'agit de la Lys^{783}. A proximité de celui-ci se trouve L'Asp^{780}, cet acide aspartique pourrait également participer à l'établissement d'un pont H impliquant l'Arg^{847}. La distance séparant ces deux résidus est relativement courte, de l'ordre de 4 Å. L'analyse des possibles interactions de l'Arg^{847} avec ces voisins a été réalisée à l'aide du programme d'analyse structurale C.S.U (Sobolev et al.,1999). Celui-ci propose l'existence d'un pont hydrogène liant cette Arginine à l'$Aspartate^{780}$. Ce segment est intimement lié au domaine P puisque le haut de M5 le constitue en partie. Ce domaine P contenant le site de phosphorylation est proposé être en intime interaction avec la large boucle cytoplasmique, dans le cas de la Ca^{++}-ATPase (Toyoshima et al, 2000 ;2002). M5 pourrait donc, comme proposé par cette équipe, être le relais liant la partie cytoplasmique à la partie membranaire. La perturbation occasionnelle par l'élimination protéolytique de la large boucle cytoplasmique pourrait induire une modification significative dans le positionnement de M5 et par-là dans son réseau de ponts hydrogènes. Ceci aurait pour effet de libérer l'Arg^{847} d'un certain nombre de contraintes et donc d'augmenter sa probabilité de clivage.

III.3.4.2.1.3 Site de clivage situé sur M5 et subissant une modification d'accessibilité potentielle :

Une dernière donnée résultant de notre étude topologique est à vérifier. Il s'agit du site de clivage générant les potentiels segments trans-membranaires M5 et M6. Les trypsinolyses, effectuées dans la première partie de ce travail, ont mis en évidence une importante modification d'accessibilité de ces segments en fonction de la conformation adoptée par la H^+,K^+-ATPase. Dans la conformation E_1, conformation ne liant pas le K^+, le site de clivage représentant la terminaison N-terminale de ces segments trans-membranaires potentiels est localisé au niveau de la Asn^{793}. Dans la conformation E_2, conformation liant le K^+, ce site est protégé et la terminaison N-terminale de ce peptide est déplacée de 39 acides aminés en amont, au niveau de l'Asn^{754}. La figure III.44 montre la position relative de ces sites de clivages sur nos deux modèles structuraux. Nous pouvons constater qu'en ce qui concerne le site de clivage identifié dans la conformation E_1, 2 problèmes apparaissent.

Résultats et discussions

Le premier est la position membranaire de ce site. Celle-ci est en contradiction avec une accessibilité au solvant de ce site. Le second vient de l'emplacement au sein d'un segment trans-membranaire de ce site de clivage. En effet selon la théorie de Hubbart et *al.*, un site de clivage doit se trouver dans une structure secondaire potentiellement déroulée. Les segments trans-membranaires adoptent une structure secondaire ordonnée de type hélicoïdal et très stable. Dans un premier temps, nous avons émis l'hypothèse d'un mouvement transversal de M5 au cours du cycle catalytique. Celui-ci permettrait la montée de l'Arg^{792} hors de la région membranaire et donc son clivage protéolytique. Ce mouvement transversal induirait également une modification importante, par un passage en phase aqueuse, de l'environnement proche de certains acides aminés. Il induirait localement une rupture de la structure secondaire du segment trans-membranaire expliquant le clivage observé. Cette hypothèse était confortée par les résultats d'autres équipes. L'une de celles-ci démontrant entre autres, la déstabilisation membranaire des segments M5 et M6 en absence de K$^+$(Baeyens et al.,2000 ; Gatto et al.,1999). L'obtention par l'équipe de Toyoshima de la seconde structure, représentant la conformation ne liant pas le Ca^{++}, provoqua une remise en question de cette hypothèse et de sa validité. En effet aucun mouvement transversal de M5 n'est observable sur les structures de la Ca^{++}-ATPase. De plus, bien que nos résultats de protéolyse puisse valider une telle hypothèse, il n'en est pas de même de nos résultats d'insertion membranaire pour les peptides représentant M5 et M6, ainsi que pour nos modèles tridimensionnels. En effet, aucune insertion membranaire n'a pu être observée pour le peptide représentant ces segments trans-membranaires et obtenu à partir de la conformation E$_1$. Ceci couplé à nos résultats de spectroscopie infra-rouge réalisée sur le peptide issu de la conformation E$_2$, réinséré dans un environnement lipidique, nous laisse penser que la variation du potentiel de clivage protéolytique du site présent sur M5 et représenté par la Lys^{792} serait due, non pas à un mouvement transversal, mais plutôt à une déstabilisation membranaire de M5 induite par l'absence de K$^+$. A ce stade nous ne possédons aucun élément susceptible d'expliquer le résultat protéolytique observé sur la H$^+$,K$^+$-ATPase.

La précision obtenue pour nos modèles nous permet de sortir de cette impasse. L'analyse de la structure secondaire prédite par nos modèles pour le segment trans-membranaire M5, met en évidence un détail particulier. La structure secondaire prédite pour ce segment sur la conformation E$_2$, conformation ne liant pas d'ions sur la Ca^{++}-ATPase, présente une discontinuité. La figure III.45 montre cette rupture dans la structure hélicoïdale de M5. Cette déstructuration présente sur M5 inclut la Lys^{792} (site de clivage isolé en absence de potassium lors de nos protéolyses). Cette déstructuration est donc en accord avec une action protéolytique à cet endroit.

III.3.4.2.2 Interprétations structurales et conclusions inhérentes :

La présence de discontinuités structurales au sein de structure de type hélicoïdale fait l'objet d'études particulières. La théorie expliquant l'existence de telles ruptures structurales fait appel au concept de « Helix Capping » (Presta et Rose, 1988). Ce concept, expliquant la rupture de structure secondaire le long d'une hélice alpha, se base sur une possible stabilisation alternative de la structure secondaire (Richardson et Richardson,1988). Sur une structure de type hélicoïdale, la stabilisation structurale est essentiellement due à l'établissement d'un réseau de ponts hydrogènes impliquant les fonctions carbonyles et amines présentes sur la chaîne principale. Sur ces structures, ces ponts hydrogènes s'établissent entre résidus positionnés en position J et J-4 (Pauling et al,1951). Comme un tour d'hélice compte 3.6 résidus, ces ponts hydrogènes se forment entre tours d'hélices adjacents. La rupture de la structure hélicoïdale est due, selon cette hypothèse, à une difficulté à former ces ponts hydrogènes dans le dernier tour d'hélice. Ce phénomène serait accentué par la présence de certains résidus le long de la séquence positionnés sous forme de motifs (Aurora et Rose,1998). Ces motifs permettraient l'établissement d'interactions alternatives à ce que l'on peut retrouver sous la structure hélicoïdale. Ces interactions feraient intervenir les chaînes latérales de ces résidus dans des relations de type ponts hydrogènes ou hydrophobes. De cette manière, l'établissement de ces interactions permettrait la stabilisation d'une structure ouverte indiquant la terminaison de la structure hélicoïdale. A l'heure actuelle, les modèles représentant l'insertion membranaire de peptides ne tiennent absolument pas compte d'une présence possible de ces motifs de déstructurations. Les structures proposées associées à l'insertion membranaire sont généralement simples et continues tout le long de la membrane. Il s'agit soit d'hélices alpha soit de feuillets bêta ne contenant pas de discontinuités structurales. La première équipe à proposer un modèle d'insertion incluant une déstructuration pour un peptide membranaire issu d'une P-ATPase fut l'équipe de le Maire (Soulié et al.,1998).

Lors de cette étude, portant sur un peptide synthétique de la Ca^{++}-ATPase représentant M6, une déstructuration a été proposée au centre de la structure hélicoïdale. Cette proposition fut basée sur des résultats issus de techniques faisant appel à la R.M.N ainsi qu'à la présence d'un motif particulier appelé « motif de Schelmann ». Cette hypothèse fut confirmée par l'obtention de la structure cristalline de la Ca^{++}-ATPase. L'importance de cette déstructuration, présente au milieu d'une structure membranaire de type hélicoïdal, a également été démontrée. En effet, sur la Ca^{++}-ATPase, deux déstructurations de ce type sont présentes. La première, positionnée sur le segment trans-membranaire M4, inclut le motif PEGL hautement conservé dans le groupe des P-ATPases (Axelsen et al.,1998 ;Møller et al.,1996). Cette déstructuration locale permet la stabilisation ionique du site II. En effet, comme nous l'avons vu, le site II induit plusieurs interactions entre l'ion Ca^{++} et des fonctions carbonyles présentes sur la chaîne principale de M4. Celles-ci ne pourraient pas avoir lieu sous une structure de type hélicoïdale, puisque dans ce cas les fonctions carbonyles seraient impliquées dans des ponts hydrogènes internes. La seconde est positionnée sur le segment M6 comme l'avait proposé l'équipe de le Maire. Là aussi, cette déstructuration permet une interaction particulière de ces segments trans-membranaire avec l'ion Ca^{++}. Cette interaction inclut particulièrement le Glu^{821} présent sur M6. La mobilité octroyée par cette déstructuration donne probablement à cet acide aminé un rôle particulier dans le phénomène catalytique (Toyoshima et al.,2000 ; Soulié et al.,1998).

Nos modèles représentant la sous-unité alpha de la H^+,K^+-ATPase prédisent l'existence de ces deux déstructurations, mais une troisième est également proposée pour la conformation E_2. Celle-ci serait placée sur le segment trans-membranaire M5. Le tableau présent sur la figure III.46 représente les motifs de déstructurations associées aux séquences des segments trans-membranaires M4, M5 et M6 pour 4 P-ATPases. Nous pouvons remarquer qu'en ce qui concerne le segment M5, seule la H^+,K^+-ATPase et la Na^+,K^+-ATPase possèdent un tel motif. Comme ces deux P-ATPases sont les seules à effectuer un co-transport ionique, elles forment un sous-groupe particulier. Ce sous-groupe pourrait être caractérisé par cette déstructuration locale supplémentaire sur le segment trans-membranaire M5. Cette particularité pourrait expliquer la faible stabilisation membranaire de M5 en absence de l'ion co-transporté. L'implication de ces déstructurations locales de structure dans la sélectivité ou le phénomène de transport est une hypothèse tentante. En effet, l'importance des interactions entre chaînes latérales et chaînes principales dans ces déstructurations pourrait coïncider avec le rôle de ces chaînes latérales dans l'établissement d'interactions avec l'ion transporté. Nos résultats actuels confortent l'existence d'une déstructuration locale de M5 et peuvent se résumer ainsi :

1. Le segment trans-membranaire M5 est affecté par un clivage protéolytique dans la conformation E_1. Ceci implique donc l'existence, sur base théorique, d'une potentielle désorganisation structurale (Cf règle de Hubbart et al.).
2. Les résultats de spectroscopie infrarouge en mode « ATR-IR » semblent indiquer que le peptide représentant les segments M5 et M6 au complet ne contient que 40% d'acides aminés sous forme hélicoïdale et est inséré perpendiculairement. M5 possède, tout comme M6, dans le cas de la H^+,K^+-ATPase, un motif de déstructuration locale de structure secondaire. Ceci recoupe les résultats de l'équipe de le Maire (Soulié et al. ;1996) ayant conduit à la mise en évidence d'une déstructuration locale d'hélice sur le segment M6 pour la Ca^{++}-ATPase. Dans notre cas, l'existence seule d'une déstructuration locale sur M6 ne pourrait induire un tel taux d'acides aminés déstructurés puisque la zone située en aval de cette déstructuration est loin de représenter 60% du peptide total.
3. Notre modèle structural de la conformation E_2 contient une déstructuration locale de structure présente sur le segment M5.

III.3.4.3 Prédiction de localisation des résidus Cystéines :

Les résidus cystéines, de par leur capacité à former des ponts disulfures, possèdent un intérêt particulier dans la chimie des protéines. Pour cette raison, cet acide aminé a été la cible d'un certain nombre d'investigations visant à déterminer sa position topologique. La position extra-membranaire de certaines cystéines a été vérifiée par réactivité avec une molécule réactive soluble. De par sa faculté à inhiber la H^+,K^+-ATPase et à se fixer sur des résidus Cystéines, l'omeprazol (ainsi que ces dérivés sulphénamides) a été utilisé à ces fins (Besançon et al.,1997 ; Munson et al.,2000). Les résultats obtenus par ces équipes suggèrent que certaines cystéines puissent être extra-membranaires. Il s'agit de cystéines positionnées sur les boucles extra-cytoplasmiques joignant les segments trans-membranaires M3 à M4, M5 à M6, et M7 à M8. L'accessibilité à certains dérivés sulphénamides, suivie par identification des fragments effectivement marqués, mettent en évidence une forte accessibilité des résidus Cys^{321}, Cys^{813} ou Cys^{822} et Cys^{892}. Un doute subsiste quant au marquage effectif de la Cys^{822} (Lambrecht et al.,1998 ;Munson et al.,2000). Il semblerait dans ce cas que le marquage effectif de cette cystéine pourrait être le fait d'une altération structurale due par exemple à la présence de l'inhibiteur. En effet, comme il existe une interaction entre l'inhibiteur et sa cible, il est possible que celle-ci induise une légère modification structurale sur des zones protéiques proches de celui-ci. Ces cystéines portent sur les boucles extra-cytoplasmiques de la sous-unité alpha de la H^+,K^+-ATPase. La position de ces boucles sur nos structures modélisées a été obtenue sur base de notre étude topologique. La figure III.47 montre la position relative des ces 4 cystéines. Nous pouvons remarquer, qu'à l'exception de la Cys^{822}, elles se situent bien toutes en position extra-membranaire. La Cys^{822} se trouve quant à elle positionnée en plein milieu de la zone membranaire, sur le segment M6. Cette position lui interdit toute réactivité avec un composé soluble. Les 3 résidus identifiés, comme marqués (de manière covalente) par un composé soluble de type sulphénamide, sont quant à eux positionnés sur nos modèles (Cys^{321},Cys^{813} et Cys^{892}) comme en accord avec les résultats expérimentaux.

III.3.5 Conclusion des validations physico-chimique et biochimique :

Nos modèles structuraux théoriques, obtenus selon notre procédure de modélisation, semblent être compatibles avec les résultats de topologie existant à l'heure actuelle pour la sous-unité alpha de la H^+,K^+-ATPase. De plus, nous possédons maintenant une représentation structurale nous permettant de comprendre de manière précise certains résultats jusqu'ici non encore expliqués au niveau moléculaire. Ceci est particulièrement intéressant au niveau des

Résultats et discussions

modifications d'accessibilités définissant les structures principales E_1 et E_2. En effet, nos modèles montrent de manière non équivoque la façon dont ces sites protéolytiques subissent un changement structural induisant la modification d'accessibilité observée et définissant ces deux intermédiaires. Nos modèles ayant passé avec succès une validation théorique ainsi qu'expérimentale, nous pouvons les proposer comme structures possibles pour les deux intermédiaires E_1 et E_2 de la sous-unité alpha de la H^+,K^+-ATPase. Ces deux modèles sont représentés sur la figure III.48.

Nous pouvons voir sur ces figures les mouvements relatifs des différents domaines présents dans la large boucle cytoplasmique (domaine A, N, et P sur les figures A.) et définissant la conformation adoptée. Ces figures contiennent également une représentation permettant d'observer les structures secondaires présentes en zone membranaire (série de figures B.) ainsi que la surface électrostatique présente en fonction du type de conformation adoptée (série de figures C.). Sur celles-ci nous pouvons aisément remarquer la modification de structure présente dans la large boucle cytoplasmique et conduisant à l'appellation « conformation fermée » portée par la structure E_2.

III.4 Analyse des structures modélisées et implications moléculaires :

L'une de nos hypothèses de travail est l'existence de mécanismes similaires au sein du groupe des P-ATPases pouvant expliquer leur fonction catalytique de transport. L'existence d'un même mécanisme générique responsable du phénomène de transport est actuellement accepté par la majorité des équipes travaillant à la compréhension de ce mécanisme. Une interprétation moléculaire de ce mécanisme générique n'a pas encore pu être proposée. Tout au plus, certaines zones protéiques de certains membres de cette classe d'ATPases ont été proposées comme indispensables à différents niveaux de ce mécanisme. Nous pouvons citer entre autres, le site de fixation ionique intra-membranaire, le site de fixation de l'ATP et le site de phosphorylation. L'analyse des structures cristallines obtenue sur la Ca^{++}-ATPase n'a pas permis une compréhension moléculaire de ce mécanisme. La comparaison structurale des données obtenues sur la Ca^{++}-ATPase avec des données similaires issues d'une protéine faisant partie du même groupe pourrait permettre de lever certaines ambiguïtés et/ou valider d'autres hypothèses. Les modèles obtenus sur la H^+,K^+-ATPase peuvent être, comme nous l'avons vu, considérés comme fiables et dès lors utilisés à cette fin. Nous allons donc maintenant nous attacher à identifier et localiser les sites de fixations membranaires, ainsi que les acides aminés y participant, sur les deux structures des principaux intermédiaires E_1 et E_2. A l'aide de nos modèles, nous tacherons d'identifier les modifications structurales subies par ces sites de fixations ioniques en fonction de la conformation adoptée et tenterons de comprendre comment celles-ci sont liées au mécanisme de transport observé.

L'analyse des sites de fixations identifiés sur la Ca^{++}-ATPase nous permet de visualiser le caractère coopératif des interactions liant les acides aminés impliqués dans la fixation ionique et les ions transportés. Celle-ci fixe deux ions Ca^{++} au niveau de deux sites membranaires distinct. Ces interactions, faisant intervenir deux ions chargés positivement, font intervenir les doublets non liant d'un certain nombre d'acides aminés. Il s'agit principalement d'acides aminés possédant au moins un doublet libre non liant et une charge négative sur leur chaîne latérale. Ceci se vérifie pour 4 résidus sur les 10 identifiés sur la structure de la Ca^{++}-ATPase. Il s'agit de résidus de type Aspartate ou Glutamate, nous pouvons citer le Glu^{309} issu de M4, le Glu^{771} issu de M5, l'Asp^{800} issu de M6, ainsi que le Glu^{908} issus de M8. La nature de ces résidus (chargé négativement) ainsi que leur présence au sein de segments trans-membranaires les avaient placés depuis longtemps comme candidats idéaux dans l'établissement du ou des sites de fixations ioniques (Clarke et al.,1989). Bien que leur nombre idéal de 4 soit en corrélation avec le nombre d'ions transporté par la Ca^{++}-

59

Résultats et discussions

ATPase, les résultats de mutagenèse indiquaient une implication possible d'un plus grand nombre d'acides aminés. Plus particulièrement, le doute subsistait sur l'implication d'acides aminés ne possédant pas de charge disponible sur leur chaîne latérale ou ne possédant pas de doublet non liant sur celle-ci. La nature des interactions que pouvait établir ce genre d'acide aminé avec un ion chargé posait problème. A cette question, les structures obtenues par l'équipe de Toyoshima (Toyoshima et al.,2000 ;2002) ont apporté une réponse. Les interactions entre acides aminés et ions au niveau des sites de fixation ionique inclus également des interactions avec le doublet non liant présent sur la fonction carbonyle du lien peptidique. Ceci se vérifie très bien sur la structure 1EUL de la Ca^{++}-ATPase. En effet, certaines interactions présentes sur le site II font intervenir des résidus relativement hydrophobes. Ceux-ci ne possèdent pas de chaîne latérale susceptible d'offrir un doublet non liant dans la stabilisation de l'ion en zone membranaire. Nous pouvons citer les résidus issus de M4, Val^{304}, Ala^{305}, et Ile^{307}. Ceux-ci sont impliqués via un doublet non liant provenant de leur fonction carboxylique appartenant au lien peptidique. Cette implication révèle une importance toute particulière de l'aspect structural du phénomène qui a lieu grâce à l'existence d'une déstructuration locale de la structure secondaire du segment trans-membranaire. Nous pensons donc que les différences de sélectivité ionique présentes au sein du groupe des P-ATPases sont provoquées par des modifications structurales locales et réduites. Nous pensons que ces différences portent non pas essentiellement sur la nature des résidus impliqués dans l'établissement du site de fixation ionique, mais principalement sur le maintien de certains motifs particuliers au sein des segments trans-membranaires qui permettent une déstructuration locale des segments trans-membranaires. L'implication de ces déstructurations locales des segments trans-membranaires est de plus, nous le pensons, intimement liée au phénomène de transport en tant que tel. En effet, celles-ci impliquent la rupture de ponts hydrogènes, normalement impliqués dans la stabilisation d'une structure de type hélicoïdale, par compétition avec une interaction via l'ion transporté. Cette perte de ponts hydrogènes, et donc de structure secondaire, induit l'accroissement de flexibilité pour une partie des segments trans-membranaire. Cette augmentation de flexibilité pourrait permettre une rotation accrue de certaine partie de ces segments trans-membranaires et ainsi transmettre un signal aux autres régions de la protéine et/ou permettre l'acheminement des ions au travers de la membrane.

III.4.1 Site de fixation ionique membranaire :

Le tableau de la figure III.49 contient les résidus impliqués dans l'établissement des deux sites de fixations ioniques de la Ca^{++}-ATPase. Sur celui-ci apparaissent également les résidus homologues présents sur la séquence de la sous-unité alpha de la H^+,K^+-ATPase (colonne « alignement séquentiel » de la figure III.49). Afin de pouvoir les identifier sur la séquence de la H^+,K^+-ATPase nous sommes partis, dans un premier temps, de l'alignement utilisé lors de la procédure de modélisation. Nous pouvons constater que l'alignement ne permet pas d'identifier les résidus homologues pour l'entièreté des acides aminés présents et participant à la fixation du Ca^{++} dans le cas de la Ca^{++}-ATPase. Ceci vient du fait qu'au niveau du segment M4, il existe une délétion d'une zone contenant certains des résidus impliqués dans la fixation ionique de la Ca^{++}-ATPase. L'alignement des zones de la séquence comprenant les résidus impliqués dans la fixation ionique est possible pour 8 résidus sur les 10 effectivement présents sur la séquence de la Ca^{++}-ATPase. Les deux résidus impliqués dans la fixation ionique dans le cas de la Ca^{++}-ATPase et ne possédant pas d'homologue fonctionnel sont l'Ala^{305} et l'Ile^{307}. Ces deux résidus participent à la fixation ionique via les doublets non liant présents sur l'oxygène de leur fonction carboxylique amide. Leur disparition induit donc une perte de 2 oxygènes participant à la fixation ionique dans le cas de la H^+,K^+-ATPase, mais aucune perte de charge portée par les chaînes latérales. Pour les 8 autres résidus présents sur la Ca^{++}-ATPase, un taux d'identité de 75% est atteint lors de l'alignement effectué avec la H^+,K^+-ATPase. Ce taux représente 6 résidus conservés sur les 8 présents entre la Ca^{++}-ATPase et la H^+,K^+-ATPase. Les deux résidus présents sur la Ca^{++}-ATPase et non identiques à ceux présents sur la H^+,K^+-ATPase, sont l'Asn^{796} remplacé par le Glu^{821} sur la H^+,K^+-ATPase et le Glu^{908} remplacé par son homologue Amine la Gln^{940}. Globalement ces deux remplacements s'annulent au niveau de la perte ou du gain de charges portées ou des atomes d'oxygènes disponibles au niveau des sites de fixations ioniques membranaires de la H^+,K^+-ATPase.

En conclusion, sur base de l'alignement, il semblerait que seul un déficit de deux oxygènes soit présent pour les sites de la H^+,K^+-ATPase par rapport à ce que l'on peut retrouver sur la Ca^{++}-ATPase. Cette différence est relativement faible pour expliquer la sélectivité ionique observée entre ces deux P-ATPases, mais de faibles modifications de structure pourraient expliquer la différence de sélectivité ionique de ces deux ATPases.

III.4.2 Procédure d'identification des sites de fixations ioniques (« C.B.V.S. ») :

III.4.2.1   Introduction théorique à la procédure « C.B.V.S. » :

Afin de déterminer la présence de sites de fixations ioniques sur nos modèles de la H^+,K^+-ATPase, nous avons utilisé l'approche du lien de valence (Nayal et Di Cera, 1994, 1996 ; Wei et Altman, 2003). Cette approche permet, par l'étude de la géométrie de coordination des molécules d'eau présentes sur la structure, de déterminer lesquelles de celles-ci sont susceptibles d'être, en réalité, remplacées par un cation. Cette approche a été utilisée sur un modèle de la Na^+,K^+-ATPase (Ogawa et Toyoshima, 2002) et a permis à ces auteurs de proposer l'existence de 3 sites de fixations pour le Na^+ et 2 sites pour le K^+ sur cette protéine. Ces résultats sont en accord avec les résultats théoriques obtenus jusqu'à présent sur cette ATPase. Dans notre cas, nous avons également utilisé la procédure « C.B.V.S. », pour « Calcium Bond Valence Sum » développée par l'équipe de Müller (Müller et al.,2003). Cette procédure, basée également sur le calcul théorique de la géométrie de coordination des molécules d'eau, permet de faire la différence entre les sites de fixations cationiques d'ions iso-électroniques tels que K^+, ou le Na^+. Cette différentiation est obtenue par une méthode de normalisation de la valeur du lien de valence résultant de la procédure de Nayal et al. Cette normalisation est faite par rapport la valeur obtenue dans le cas d'un ion Ca^{++}. Cette valeur C.B.V.S. pour « Calcium Bond Valence Sum » est fixée par définition à la valeur 2.00 dans le cas d'un ion Ca^{++}. A l'aide de cet artifice mathématique, le calcul des valeurs C.V.B.S pour les ions iso-électroniques tels que le K^+ et le Na^+ sont respectivement de 0.64 et 1.57. Cette approche se base sur des résultats issus de structures cristallines obtenues à hautes résolutions et est une optimisation de la procédure proposée par Nayal et Di Cera (Nayal et Di Cera, 1994, 1996).

III.4.2.2   Détermination des potentiels sites de fixations membranaires présents sur la sous-unité alpha de la H^+,K^+-ATPase :

III.4.2.2.1   Sites de fixations potassiques (Conformation E_2-K^+) :

Afin de pouvoir effectuer notre étude, nous avons dû dans un premier temps ajouter les molécules d'eau à nos modèles. Ceci a été réalisé sous l'interface Deep-View. Les positions de celles-ci ont été corrigées à l'aide du programme WhatIF 5.0 disponible à l'adresse http://www.cmbi.kun.nl/gv/servers/WIWWWI/ . Afin de s'assurer de la validité de la géométrie de coordination, induite par la présence de ces molécules d'eau, nos modèles ont

Résultats et discussions

subi une procédure de minimisation pour les zones contenant ces molécules d'eau à l'aide du programme Gromos96. Afin de déterminer la valeur du coefficient C.B.V.S. de ces molécules d'eau, nous avons utilisé le programme L.P.C. (pour « Liguand Protein Contact ») (Sobolev et al.,1999) , ainsi que C.S.U. (pour « Contact Structure Unit ») (Sobolev et al.,1999) disponible à l'adresse http://bioinfo.weizmann.ac.il:8500/oca-bin/lpccsu . Ces programmes permettent, sur de bonnes bases théoriques, de déterminer quels résidus sont susceptibles d'établir des ponts H avec un substrat donné (dans notre cas les molécules d'eau) et les distances séparant le substrat des atomes des résidus impliqués dans ce genre d'interactions. Ces distances sont ensuite utilisées dans la procédure C.B.V.S. pour déterminer la sélectivité ionique présente sur ces sites représentés par ces molécules d'eau.

Sur base de cette approche, nous avons obtenu pour le modèle représentant la conformation E_2 de la H^+,K^+-ATPase deux sites potentiels de fixation potassique. Les valeurs du coefficient C.B.V.S. obtenues par ceux-ci sont donnés dans le tableau de la figure III.50. Ces deux sites possèdent une valeur C.B.V.S. de respectivement 0.77 et 0.71. Ces valeurs sont proches de la valeur théorique de 0.64 attendue pour des sites de fixations potassiques (Müller et al.,2003). De plus la valeur du lien de valence portée par ces sites dans le cas d'un atome de K^+ est respectivement de 1.20 et 1.10, et de 0.49 et 0.45 dans le cas du Na^+. Ceci est en faveur de sites de fixation possédant une sélectivité ionique pour le K^+ et non pas pour le Na^+. Ces deux sites potentiels sont présentés sur le modèle représentant la conformation E_2 de la sous-unité alpha de la H^+,K^+-ATPase en figure III.52. Nous pouvons constater que ceux-ci font tous deux intervenir une molécule d'eau dans l'établissement d'une structure de coordination de type octaédrique. Cette structure incluant la présence d'au moins une molécule d'eau supplémentaire dans l'établissement d'un site de fixation ionique a également été proposée dans le cas de la Na^+,K^+-ATPase (Ogawa et Toyoshima, 2002). La possibilité pour des molécules d'eau d'être impliquées dans la coordination d'un cation est également confortée par la littérature (Zhang et Tulinsky, 1997). Les deux sites potentiels identifiés sur ce modèle, représentant la conformation E_2, sont présentés en figure III.52. On peut remarquer les molécules d'eau indispensables à l'établissement de la structure de coordination octaédrique. Le tableau de la figure III.49 contient les résidus impliqués dans l'établissement de chacun de ces sites. Nous pouvons remarquer que le site I cette coordination fait intervenir des résidus issus des segments M6, et M8. Ceci place donc un cation K^+ dans un environnement occlu incluant bien certains segments trans-membranaire compris entre M5 et M8, comme en accord avec les résultats antérieurs obtenus sur la H^+,K^+-ATPase et incluant ceux-ci dans le phénomène d'occlusion (Koenderink et al.,2001). A la différence de ce que l'ont retrouve sur la Ca^{++}-ATPase, la géométrie de coordination proposée par nos modèles pour la conformation E_2 n'inclut pas de participation du segment M5 dans l'établissement du site I. Il est intéressant de remarquer l'implication de la Lys^{792}. Celle-ci ne participe pas directement à l'établissement du site de fixation, mais permet à la molécule d'eau secondaire participant dans ce site, une stabilisation par pont hydrogène. L'analyse des interactions effectuée à l'aide du programme C.S.U. (Sobolev et al.,1999) incluant cette Lysine permet de mettre en évidence l'existence de ponts H entre elle et les résidus glutamates issus de M6. Ces ponts H impliquent le Glu^{821}, le Glu^{825}, et la molécule d'eau impliquée dans la coordination du site I. L'existence de ceux-ci peut expliquer « la mise à l'abri » de cette lysine lors de la trypsinolyse effectuée par nous sur cette conformation. Cette implication de la Lysine^{792} pourrait expliquer, par l'intermédiaire de ponts salins, l'augmentation de stabilité membranaire observée en présence de K^+ sur la H^+,K^+-ATPAse. Un rôle au niveau du mécanisme ATPasique a d'ailleurs déjà été proposé pour cette Lysine (Rulli et al.2001). Le site II quant à lui est constitué de résidus issus des segments trans-membranaires M4, M5, et M6 et inclut également la présence d'une molécule d'eau supplémentaire. Ce site est rendu possible grâce au Glu^{344} issu de M4. En effet, celui-ci peut malgré l'existence d'une déstructuration importante de M4 intervenir dans la coordination du cation. Ceci n'est pas observable sur la structure de la Ca^{++}-ATPase sous cette conformation. En effet le glutamate impliqué dans la coordination ionique sous la conformation E_1 et issu de M4 dans le cas de la Ca^{++}-ATPase subit un repositionnement significatif sur la conformation E_2. Se repositionnement le met à une distance trop importante des résidus issus de M6. Dans notre cas la conformation E_2 de la H^+,K^+-ATPase possède une cohésion membranaire, passant par la fixation de deux cations K^+, impliquant d'un côté les segments M6 et M8 et formant ainsi le premier site d'occlusion potassique membranaire, d'un pont salin liant M5 à M6 par l'intermédiaire de la Lysine positionné sur M5 et de l'un des résidus acides positionnés sur M6, ainsi que par un second site d'occlusion constitué par les segments M4, M5, et M6.

III.4.2.2.2 Sites de fixations des protons (H_3O^+) (Conformation E_1) :

En ce qui concerne la conformation E_1 de la sous-unité alpha de la H^+,K^+-ATPase, l'approche « C.B.V.S. » nous a permis de mettre en évidence deux sites intéressants. La H^+,K^+-ATPase transporte, dans sa conformation E_1, globalement 2 protons (2 Ca^{++} dans le cas de la Ca^{++}-ATPase et 3 Na^+ dans le cas de la Na^+,K^+-ATPase). Le tableau de la figure III.50 montre les valeurs « C.B.V.S. » calculées pour les deux sites proposés pour la conformation E_1 de la sous-unité alpha de la H^+,K^+-ATPase. La valeur du coefficient « C.B.V.S. » calculé pour ces sites est respectivement de 0.95 et 1.26. la plus petite de ces valeurs pourrait convenir à la fois au K^+ mais également au Na^+. En effet le valeur « C.B.V.S. » calculée (Müller et al,2003) sur base de structures cristallines de protéines connues liant l'un de ces deux ions, varie de 0.4 à 1.0 pour le K^+ et de 1.0 à 1.6 pour le Na^+. La valeur de la valence portée par ce site dans le cas d'un ion K^+ est égale à 1.48 et 0.61 dans le cas du Na^+. Ceci est bien loin de la valeur idéale de 1 attendue pour un site de fixation ionique monovalent. Ceci pourrait expliquer le fait que sur la conformation E_1, dans le cas de la H^+,K^+-ATPase, ce site ne soit pas occupé par un cation, mais une molécule de H_3O^+. En ce qui concerne le second site, la valeur « C.B.V.S. » calculée vaut 1.26 et se rapproche donc de la valeur idéale de 1.57 pour le cas d'un ion Na^+. La valence portée par ce site dans le cas d'une substitution par un ion Na^+ est de 0.80. Dans le cas d'une substitution par le K^+ cette valeur atteint 1.95. Ceci nous a donc amené à la même conclusion que celle obtenue pour le site I mais avec la différence notable que celui-ci peut fixer le Na^+. Ceci pourrait expliquer le résultat expérimental démontrant le transport de Na^+ par la H^+,K^+-ATPase (Polvani et al.,1999). Dans l'hypothèse d'une fixation de deux molécules H_3O^+ par ces deux sites, nous avons calculé la valeur C.B.V.S. ainsi que la valence associée en fonction du type d'ions sur base d'une géométrie tétraédrique et non pas octaédrique comme jusqu'à présent. Cette géométrie particulière, proposée par exemple pour la coordination du NH_4^+ (Müller et al.2003), nous semble plus appropriée dans le cas d'une coordination de H_3O^+. Nous pouvons remarquer que les valeurs obtenues ne diffèrent que très légèrement comme attendu sur base des travaux de Müller et al. (figure III.50). Néanmoins, les valeurs C.B.V.S. de 0.81 et 1.13 sont toujours compatibles avec une fixation de H_3O^+. La valeur idéale de 0.51 obtenue dans le cas d'une fixation de NH_4^+ semble bien dépassée, mais encore valide pour au moins un site au vu de la gamme sur laquelle les valeurs C.B.V.S., calculée pour des structures cristallines connues, s'étalent dans le cas du Ca^{++}, du Mg^{++}, du K^+ et du Na^+ (Müller et al.,2003). La valeur calculée par nous pour le site II, par exemple, sur la structure cristalline 1EUL provenant de la Ca^{++}-ATPase vaut 1.79 pour une valeur idéale et théorique de 2.00.

Ces deux sites proposés pour la conformation E_1 de la sous-unité alpha de la H^+,K^+-ATPase sont présentés sur la figure III.51. Nous pouvons remarquer qu'une différence apparaît dans l'organisation géométrique de ces sites. En effet, le nombre de molécules d'eau impliquées dans la fixation est de 1 pour le site I et 2 pour le site II. De plus, la géométrie octaédrique semble être fortement déformée dans le cas d'un des sites présents sur la

Résultats et discussions

conformation E_1. Ceci explique la perte d'affinité pour des ions de type métallique (tels que K^+, Na^+, ou Ca^{++}) imposant ce type de géométrie, et privilégie une coordination tétraédrique dans le cas de ces sites.
Pour finir, il est intéressant de remarquer la position de la Lys^{792} sur cette conformation. Dans ce cas elle ne participe pas à l'établissement des sites de fixation. De plus la chaîne latérale de celle-ci pointe vers la surface lipidique, ceci explique vraisemblablement la différence d'accessibilité observée au cours de ce travail entre les deux conformations lors des protéolyses. Cette libération de contrainte, subie par la chaîne latérale de cette Lysine, peut expliquer l'augmentation de la potentialité de clivage présente sur ce site et observée par nous lors de nos protéolyses.
Dans le cas de la présence de molécules d'H_3O^+ membranaire au niveau des deux sites de fixation proposés par nous sous la conformation E_1 de la H^+,K^+-ATPase, une variation de la cohésion membranaire des segments M5, M6 et M8 par rapport à ce que l'ont peut trouver sur la conformation E_2 pourrait être envisagée. Le premier site de fixation membranaire permettrait la stabilisation des segments trans-membranaires M5, M6, et M8. Le second permettrait uniquement la stabilisation de M5 et M6. Toute implication du segment M4 sous cette conformation est abolie par la présence de la déstructuration plus importante de ce segment trans-membranaire.

III.4.2.3 Cohésion membranaire E_1 (H_3O^+) Versus E_2 (K^+) :

Les sites identifiés sur la conformation E_2 sont présentés sur la figure III.52. Nous pouvons remarquer que dans ce cas ci le nombre total de molécules d'eau impliquées dans la fixation ionique n'est plus que de 2. La géométrie octaédrique présente au sein des deux sites de fixation est nettement mieux respectée dans cette conformation. Ceci est en faveur d'une fixation de cations tels que le K^+. Dans ce cas-ci, la cohésion membranaire induite par l'existence de ponts salins joignant, à l'aide des ions transportés, certains segments trans-membranaires à d'autres induit la formation d'interactions entre uniquement M6 et M8 pour le premier site, et M4, M5 et M6 pour le second site de fixation ionique. De plus, deux autres ponts salins peuvent être présents entre le segment trans-membranaire M5 et le segment M6. Ces ponts salins ne font pas intervenir directement les ions transportés. Ils se font entre la Lys^{792} et deux résidus issus de M6 et participant quant à eux directement aux sites de fixations ioniques. Ces ponts salins sont rendus possible par la position privilégiée de la Lys^{792} octroyée par la déstructuration locale de M5 présente sous cette conformation. La différence présente au niveau de l'architecture des différentes interactions entre segments trans-membranaires peut être à l'origine des modifications de stabilité membranaire observée dans le cas de la H^+,K^+-ATPase. Ces interactions entre segments trans-membranaires sont représentées, de manière schématique sur la figure III.53, pour la Ca^{++}-ATPase et la H^+,K^+-ATPase sous leur différentes conformations. Dans l'hypothèse où cette stabilisation pourrait être K^+ dépendante et proportionnelle à l'existence d'interactions entre segment trans-membranaire, comme indiqué par les études actuelles (Gatto et al.,1999), nos modèles montrent que le passage de la conformation E_1 à la conformation E_2, combiné à la présence de K^+, induit l'apparition d'interactions entre segments trans-membranaires en plus grand nombre. Il est intéressant de remarquer que cette cohésion membranaire est inversée, par rapport à ce que l'ont peut voir pour la Ca^{++}-ATPase. En effet, pour cette protéine l'éloignement de M4 est observé sur la conformation E_2, tandis que celui-ci participe à l'établissement d'un site de fixation sur la conformation E_1. Dans le cas de la H^+,K^+-ATPase, l'implication du segment M4 se fait sur la conformation E_2. En effet, sur la conformation E_2 et à l'aide de la présence de K^+, nous pouvons maintenant répertorier 4 segments trans-membranaires liés entre eux par l'intermédiaire d'ions positif sous forme de liaisons de coordination. Dans le cas de la conformation E_1 ce nombre n'est que de 3. En effet, à la vu des sites de fixations proposés pour cette conformation, nous pouvons voir qu'aucune implication du segment M4 n'est prédite. Celui-ci se trouve donc en quelques sortes isolé du groupe formant les sites de fixations et représenté par les segments M5,M6, et M8. Cette perte d'interaction pourrait avoir comme effet de déstabiliser l'insertion membranaire de M4 sur la conformation E_1. Dans cette hypothèse une légère modification de l'accessibilité de M4 pourrait être attendue. Les trypsinolyses (§III.1.4 et III.1.5) témoignent d'une modification significative de l'accessibilité d'un site de clivage protéolytique situé juste en aval de M4 en fonction du type de conformation adoptée par la H^+,K^+-ATPase (voir figure III.18). Dans le cas de la trypsinolyse de la conformation E_1, un site de clivage C-terminal représentant les peptides membranaire M3 et M4 est généré au niveau de la Lys^{387}. Ce même site est déplacé au niveau de L'arginine^{395} dans le cas de la conformation E_2 (K^+). Ceci représente donc la mise à l'abri de l'action protéolytique du site représenté par la Lys^{387} sur la conformation E_2. Cette mise à l'abri pourrait être en partie expliquée par l'augmentation de cohésion membranaire proposée par nous sur base de nos modèles tridimensionnels lors du passage de la conformation principale E_1 à la conformation principale E_2 (K^+). Dans le même ordre d'idée, l'obtention des mêmes sites de clivages protéolytiques générant le peptide représentant les segments transmembranaires M7 et M8, pourrait être dû à l'existence d'une même implication de ces segments dans le processus de cohésion membranaire. En effet, le segment M7 n'y participe pas quelle que soit la conformation observée et le segment M8, quant à lui, semble y participer sur les deux conformations étudiées.

IV Discussion finale:

Pour résumer, nos travaux nous permettent ici de proposer différentes hypothèses structurales portant sur le processus de transport. Ces hypothèses, prenant origines sur les différents résultats expérimentaux déjà accumulés, sont confortées par nos modèles structuraux ainsi que notre étude topologique et structurale. Ces hypothèses peuvent se résumer assez simplement et se décrire en ces termes :

- Le transport d'ions au travers de la membrane, effectué par cette classe d'ATPase peut être relié à une structure tertiaire particulière identique au sein de cette classe d'enzyme et comprenant 10 segments trans-membranaires.
- Cette structure particulière induit l'implication de certains segments trans-membranaires dans l'établissement de sites de fixations ioniques. Il s'agit des segments M4,M5,M6, et M8.
- Les différences au sein de la séquence primaire de ces ATPase sont à l'origine de la sélectivité ionique observée.
- De faibles modifications de structure, ayant lieu au cours du cycle catalytique, impliquent une modification dans la géométrie de coordination de ces sites de fixations ioniques. Ces modifications sont induites par de faibles mouvements de rotation de ces segments trans-membranaires et peuvent être reliées aux modifications d'accessibilités de la zone membranaire identifiées au cours de ce travail.
- Le mouvement de ces segments trans-membranaires pourrait être directement lié au mouvement de la large boucle cytoplasmique puisque 2 de ces segments se prolongent au sein de celle-ci pour former le site de phosphorylation. Inversement, le site de phosphorylation pourrait également subir une modification induite par ces segments trans-membranaires.
- La stabilisation membranaire des segments M4,M5,M6 et M8 passe par l'établissement de ponts salins entre des résidus issus de ces segments et les ions transportés. Une différence notable dans le nombre ainsi que la disposition de ces ponts salins est présente entre les deux conformations principales E_1 et E_2.
- Dans ce phénomène, l'implication des segments trans-membranaires M5 et M6 est primordiale et représente la clé de voûte sur laquelle vient s'appuyer l'entièreté du phénomène. La Lys^{792} placée sur M5 semble jouer un rôle primordial dans l'établissement de ces ponts salins entre segments trans-membranaires. Sa position privilégiée, octroyée par l'existence d'une déstructuration locale du segment M5, lui permet d'interagir avec deux résidus issus de M6 afin de stabiliser la zone membranaire de la conformation E_2. Les segments M8 et M4 servent quant à eux à l'orientation du processus de fixation ionique et par-là au processus de transport en tant que tel.
- Les modifications de géométrie de coordination des différents sites présents sur les différentes conformations principales E_1 et E_2 peuvent expliquer la sélectivité propre, vis-à-vis de l'ion transporté, de chacune de ces conformations principales et expliquer ainsi la fonction de co-transport observée sur la H^+,K^+-ATPase.

Résultats et discussions

IV.1 Conclusions générales et perspectives :

Le présent travail nous permet de proposer deux structures tridimensionnelles, reflétant les deux conformations principales adoptées par la sous-unité alpha de la H^+,K^+-ATPase durant son cycle catalytique. Ces deux structures, obtenues sur base de l'hypothèse du maintien d'une structure commune au sein du groupe des P-ATPases, ne diffèrent que très légèrement de celles décrites pour la Ca^{++}-ATPase. La sous-unité alpha de la H^+,K^+-ATPase semble être constituée de 10 segments trans-membranaires comme la Ca^{++}-ATPase et ceci malgré le fait qu'aucune données expérimentales actuelles ne puissent démontrer l'existence de ces 10 segments trans-membranaires. Sur base de cette structure membranaire, nous avons proposé une implication moléculaire pour la fixation ionique membranaire. Celle-ci implique des résidus issus de 4 segments trans-membranaires particulier. Il s'agit de M4, M5, M6 et M8. La géométrie de coordination octroyée par ces résidus dans les deux conformations principales E_1 et E_2 nous a permis d'expliquer la sélectivité ionique observée, en ce qui concerne le type d'ions transporté, pour la Ca^{++}-ATPase et la H^+,K^+-ATPase. Cette différence de sélectivité résulterait de la présence de quelques différences locales de structure secondaire entre les différents types d'ATPases et implique principalement les segments trans-membranaires M4 et M5. Elles n'affecteraient que quelques acides aminés, directement impliqués dans le processus de fixation ionique. Le maintien de ce motif d'insertion membranaire semble indispensable au maintien de la fonction de transport de ce type d'ATPase.

Les modifications structurales de la zone membranaire agissent directement sur la géométrie de coordination des ions en zone membranaire et expliquent parfaitement la stabilité membranaire observée en présence de K^+. Celle-ci passe par l'existence de déstructurations locales de la structure hélicoïdale de certains segments trans-membranaires permettant l'implication de la Lys^{792} dans l'établissement des sites de fixations ioniques membranaires. Sur la conformation E_2, cette lysine peut participer à deux ponts salins entre le segment M5 dont elle est issue et le segment M6. Elle participe donc de manière active à la stabilisation membranaire de la conformation E_2. Ces déroulements d'hélices permettent également de libérer certains groupements carbonyles (normalement impliqués, sous une structure hélicoïdale, dans un pont H stabilisant la structure secondaire). Par-là, ils autorisent à participer à la coordination des ions transportés. Ceci est le cas, par exemple, pour la Thr^{824} issu du segment M6 de la H^+,K^+-ATPase ainsi que le Glu^{344} issu du segment M4. Le caractère dynamique de ces déroulements locaux de structures secondaires pourrait également expliquer le couplage de la réaction d'hydrolyse de l'ATP, ayant lieu dans la large boucle cytoplasmique, et le transport d'ions au travers de la membrane. En effet, l'existence de ces déstructurations locales pourrait permettre l'acheminement du proton issu de la réaction de phosphorylation en zone membranaire. Cet acheminement pourrait faire intervenir un certain nombre de molécules d'eau stabilisées au sein de la structure en périphérie de ces déstructurations locales. L'implication d'une Lysine dans l'établissement des sites de fixation suggère une interaction particulière entre ce résidu et les H_3O^+ disponibles. Par un effet de protonation / déprotonation, celle-ci pourrait servir de relais entre différentes molécules d'H_2O présentes au sein de la structure protéique de la H^+,K^+-ATPase et ainsi permettre l'acheminement de protons en zone membranaire. Le mouvement de charge ainsi obtenu, via le réseau formé par ces molécules d'eau, pourrait être la clé du mécanisme de couplage entre la réaction d'hydrolyse d'ATP et la fonction de transport. Nos résultats de trypsinolyses indiquent que la conformation phosphorylée semble posséder des caractéristiques structurales issues des deux conformations principales. Il est donc possible que le cycle catalytique implique différentes sous-structures caractérisées à la fois par la position des molécules de

67

Résultats et discussions

H_3O^+ et le degré de déstructuration locale d'hélices. L'apport de H_3O^+ lors de la formation de cet intermédiaire pourrait servir à la fois à la déstabilisation des sites de fixations ioniques, et par-là à l'expulsion des ions qui y sont fixés, mais également aux changements de conformations permettant la déphosphorylation.

En conclusion, nous pensons que malgré le fait que les deux structures principales appelées E_1 et E_2 peuvent, à elles seules, expliquer la fixation ionique sélective observée, elles ne peuvent expliquer le couplage de la réaction d'hydrolyse d'ATP avec le transport. Dès lors, l'existence de sous-structures associées aux déstructurations locales d'hélices membranaire, ainsi qu'à la présence de protons issus de la réaction de phosphorylation, aux alentours de l'intermédiaire phosphorylé devrait être indispensable au phénomène de transport.

Il semble également que le concept des segments trans-membranaires, adoptant une structure strictement hélicoïdale, doive être revu dans le cas du groupe des P-ATPases. Les déstructurations locales présentes au sein des segments trans-membranaires doivent être prises en compte. En absence de résultats structuraux expérimentaux plus nombreux, l'approche bio-informatique reste une alternative fiable, à condition de respecter les particularités structurales du type de protéine étudiée. Dans le cas des protéines membranaires, le maintien de la position relative des segments trans-membranaires au sein de la membrane est importante.

La procédure de purification de segments trans-membranaires reste aléatoire et difficile. Une optimisation de celle-ci pourrait permettre de mettre en évidence de telles déstructurations pour d'autres ATPases issues de cette classe. Cela permettrait de conforter notre hypothèse concernant l'implication de celles-ci dans l'établissement de sous-conformations indispensables au cycle catalytique. Ces sous-conformations, directement liées à la séquence de ces protéines, permettraient de compléter le cycle catalytique commun représenté par le modèle E_1-E_2, et par-là expliquer les différences observées entre les différentes protéines issues de ce groupe.

V Matériels et méthodes :

V.1 Préparation des tubulovésicules à partir d'estomac de porcs (d'après Soumarmon et al.,1980)

V.1.1 Isolement des tubulovésicules :

Après avoir découpé la partie centrale de l'estomac de porcs (représentant à peu près ¼ du total) et l'avoir lavée sous eau pour en retirer le mucus. On sépare la muqueuse de la sous-muqueuse. Cette opération est réalisée par raclage de la muqueuse stomacal à l'aide d'une lame de verre. Une fois débarrassée de sa couche de mucus blanche, la muqueuse est hachée et homogénéisée dans un tampon S-Hepes froid (4°C).

Afin d'éliminer les noyaux, l'homogénat est centrifugé une première fois à 800 g pendant 10 minutes. Cette opération est répétée une seconde fois après avoir resuspendu le culot dans le tampon S-Hepes froid. Les deux surnageants issus des ces centrifugations sont ensuite rassemblés et centrifugés à 27000 g durant 7 minutes à 4°C pour éliminer les éventuelles fractions mitochondriales parasites. Afin d'isoler la fraction tubulovésiculaire, on centrifuge le surnageant à 10000 g pendant 30 minutes à 4°C et après élimination du surnageant résultant, on récupère le culot.

V.1.2 Purification des tubulovésicules sur gradient de saccharose :

Le culot obtenu lors de l'isolement des tubulovésicules est resuspendu à l'aide d'un « potter » dans une solution de 42% de saccharose froid. Cet échantillon est ainsi déposé, à l'aide d'une seringue, au fond d'un tube à centrifugation contenant 3 niveaux d'un gradient discontinu de saccharose (35%,30% et 8%), en prenant soin de ne pas perturber les différentes phases. Le tube est ensuite centrifugé à 36500 g à 4°C de 16 heures à une nuit. Les tubulovésicules se rassemblent à l'interface, présent entre les deux phases, de 8% et 30% en saccharose du gradient.

V.1.3 Collection des fractions :

Après avoir retiré le saccharose 8%, à la pipette pasteur, l'interface 8%-30% contenant les tubulovésicules et reconnaissable à sa couleur blanche est récupéré et rassemblé sur glace. La fraction est alors diluée trois fois avec un tampon Hepes-Tris (20 mM Hepes + 1 mM EGTA, pH fixé à 7 à l'aide d'une solution de Tris saturé), puis centrifugée à 100000G pendant 30 minutes à 4°C. Le culot obtenu est ensuite resuspendu dans un tampon S-Hepes. Les vésicules sont aliquotées et congelées dans l'azote liquide. Celles-ci peuvent être conservées à –20 °C durant plusieurs mois sans perte visible d'activité ATPasique et ceci même après de multiples décongélations et recongélations.

V.1.4 Solutions utilisées :
Tampon S-Hepes :

1. 50 mM Hepes
2. 8% en poids de saccharose
3. 1 mM EGTA
4. Mis à pH 7.2 à l'aide d'une solution de Tris saturé

Solution de saccharose :
1. 42% :

Matériels et méthodes

   a. 126g de saccharose
   b. 174 ml de tampon 50mM Hepes / 1mM EGTA (mis au pH = 7.2 à l'aide de Tris)
   c. 1.52 g de NaCl
2. 35% :
   a. 70 g de saccharose
   b. 130 ml de tampon 50 mM Hepes / 1mM EGTA (mis au pH= 7.2 à l'aide Tris)
   c. 1.14 g de NaCl
3. 30% :
   a. 60 g de saccharose
   b. 140 ml de tampon 50mM Hepes / 1mM EGTA (mis au pH=7.2 à l'aide de Tris)
   c. 1.23 g de NaCl
4. 8% : (= tampon S-Hepes)
   a. 8% (w/v) de saccharose
   b. 50 mM Hepes / 1mM EGTA (mis au pH=7.2 à l'aide de Tris)

V.2 Dosage de l'activité ATPasique de la H^+,K^+-ATPase :

A 2 séries d'aliquotes de 20 µl de tubulovésicules gastriques (± 0.2 mg de protéine/ml) sont ajoutés 600 µl de mélange réactionnel (contenant le Mg-ATP), une série sans KCl et l'autre contenant 20 mM de KCl (afin d'évaluer l'activation due aux ions K^+). L'ensemble est incubé 15 minutes à 37 °C et la réaction est arrêtée par ajout de 200 µl de S.D.S 7.5% (w/v). Le phosphate, libéré par la réaction catalytique, est dosé de manière colorimétrique (Stanton et al.,1968) : L'addition de 600 µl de réactif molybdate complexe le Pi libéré, puis l'addition de 50 µl d'ascorbate de Na^+ (25 mg/ml), par réduction du complexe formé, fait apparaître, après 30 minutes d'incubation à température ambiante, une coloration bleue. La densité optique du mélange est lue à 800 nm et l'activité est exprimée en µmoles de Pi libérées par heure et par mg de protéine à partir d'une courbe étalon établie pour une série de solutions de phosphate de K^+ de concentrations connues. L'activité ATPasique des tubulovésicules est d'environ 30 µmol de Pi/h et mg de protéine en absence de K^+ et d'environ 120 µmol de Pi/h et mg de protéine en présence de K^+ (20 mM).

V.2.1 Solution utilisée :
1. Milieu réactionnel : 40 mM Hepes :
   a. 2 mM ATP
   b. 2mM $MgCl_2$
   c. + ou – 20 mM KCl
   d. Mis à pH= 7.2 par une solution de Tris saturée.
2. Réactif molybdate : à 25 ml H_2SO_4 10N
   a. +50 ml de molybdate d'ammonium 2.5% (w/v)
   b. +375 ml H_2O
3. Solution étalon :
   a. KH_2PO_4 2mM pour standards Pi

V.3 Dosage des phospholipides :

Nous avons utilisé, au cours de ce travail, un kit de dosage des phospholipides par colorimétrie. Ce kit utilise une réaction enzymatique afin de permettre le dosage des phospholipides possédant une fonction de type choline (phosphadylcholine et sphingomyéline). Il s'agit du kit de dosage « PL » MPR2 de la société Roche diagnostics. Ce test est tout indiqué pour le dosage des phospholipides des tubulovésicules constituées à 50%

de phospholipides contenant une fonction choline (Ljungström M. et al.,1984). Ce test a également été utilisé afin de détecter la présence de phospholipide dans les différents gradients fractionnés après la procédure de réinsertion.

V.3.1 Mode opératoire:
1. placer 20 µl d'échantillon dans le puit d'une plaque de micotritration
2. ajouter 200 µl de solution réactionnelle contenant les enzymes (Kit « MPR2 PL »)
3. incuber 10 minutes à 37 °C
4. Lire la D.O à 492 nm (lecture effectuée sur un spectrophotomètre de marque Titertek, modèle Multiskan® PLUS, série MKII)
5. La quantité de phospholipides est déterminée à partir d'une courbe étalon établie au départ d'une solution de chlorure de choline (3mg/ml)

V.4 Dosage colorimétrique des protéines :
Les dosages protéiques réalisés par nous, au cours par exemple de l'étape de reconstitution, ont été réalisés à l'aide du kit de dosage colorimétrique BCA de Pierce S.A.

V.4.1 Mode opératoire:
1. placer 20 µl d'échantillon dans le puit d'une plaque de microtitration
2. ajouter 200 µl de solution réactionnelle (50 parts d'une solution contenant le B.C.A, du Tartrate, carbonate et bicarbonate de Na^+ dans 0.2 N NaOH et 1 part d'une solution contenant 4% (w/v) en sulfate de Cu^{2+})
3. incuber 30 minute à 37 °C
4. Lire la D.O à 492 nm
5. La quantité de protéines est déterminée à partir d'une courbe standard établie à l'aide d'une solution de B.S.A (Bovine Sérum Albumine, 2 mg/ml)

V.5 Gel d'électrophorèse Tris-Tricine (selon Schägger et von Jagow, 1987):

L'électrophorèse sur gel de polyacrylamide SDS-Tris-Tricine permet la séparation de peptides ayant un poids moléculaire inférieur à 10 kDa.
Ces électrophorèses sont réalisées sur gel de polyacrylamide :
« spacer gel » : 10% T, 3% C
« running gel » : 16.5% T, 6% C
où T représente la concentration des 2 monomères, acrylamide et bisacrylamide, et C représente la concentration de bisacrylamide par rapport à la concentration total T.
L'échantillon est incubé 20 minutes à température ambiante dans le tampon de désagrégation avant d'être chargé au sommet du gel. La migration se fait à température ambiante, durant 18 heures à 15 mA.
Les marqueurs de poids moléculaire visibles sur les gels issus de la procédure d'H.P.L.C sont ceux présents sous le marqueur « Mark12™ » de chez Invitrogen™. Il est constitué des peptides suivants :
- Insulin A chain 2.5 kDa
- Insulin B chain 3.5 kDa
- Aprotinin 6kDa
- Lysozyme 14.4 kDa
- Trypsin inhibitor 21.5 kDa
- Carbonic anhydrase 31 kDa

Matériels et méthodes

- Lactate dehydrogenase 36.5 kDa
- Glutamic dehydrogenase 55.4 kDa
- Bovine Serum albumin 66.3 kDa
- Phosphorylase b 97.4 kDa
- Beta galactosidase 116 kDa
- Myosine 200 kDa

Il est à remarquer que sur les gels Tris-Tricine réalisés par nous les marqueurs de 2.5 kDa et 3.5 kDa ne sont pas visibles séparément. Ceci est dû à la faible longueur de nos gels (18cm), celle-ci ne permet pas une séparation optimale des peptides d'un poids moléculaire supérieur à 15 kDa.

Tampon de désagrégation (4 fois concentrées) (« Sample Buffer Gel ») :
- 2ml Tris-HCl 0.5 M pH=6.8   (0.025M)
- 4 ml glycérol   (10%)
- 2 ml S.D.S 20% (w/v)   (1%)
- 0.4 ml E.D.T.A 0.1 M pH=6.7   (0.002M)
- 0.4 ml mercaptoéthanol   (1%)
- 4 µl chymostatine 100 mg/ml
- 0.2 mg bleu de bromophénol
- 1.2 ml eau distillée

V.6 Protéolyse :

Les différentes protéolyses ayant pour but d'isoler les différentes zones associées à la membrane de la sous-unité alpha de la H^+,K^+-ATPase, sous ces différentes conformations, ont été effectuées en présence de différents ligands connus pour induire l'une ou l'autre des conformations principales. Celles-ci ont été effectuées en condition iso-osmotique afin de préserver l'intégrité des tubulovésicules. De cette manière, nous n'avons eu accès qu'aux boucles cytoplasmiques joignant les segments trans-membranaires et avons diminué le risque d'obtenir des fragments trop similaires du point de vue de leur poids moléculaire. Les protéolyses ont été réalisées selon le même mode opératoire, auquel nous avons ajouté le ligand induisant la conformation recherchée. Ce mode opératoire peut donc se résumer de la manière suivante :

1. L'échantillon tubulovésiculaire de la H^+,K^+-ATPase est dilué jusqu'à une concentration de 2.5 mg/ml dans son tampon de stockage (S-Hepes, voir procédure d'isolement des tubulovésicules) et aliquoté à 0.150 mg de protéine par échantillon.
2. Il est ensuite incubé 5 minute à 37°C en bain thermostatique
3. On y ajoute de la valynomycine (canal à K^+) à concurrence d'une concentration finale de 15 µM. Ceci afin de permettre le passage des ions K^+ lors de l'induction de la conformation E_2.
4. Dans le cas des digestions effectuées sur les conformations demandant la présence d'un ligand spécifique ont y rajoute :
    a. Dans le cas de la conformation E_2-K^+ : du KCl pour atteindre une concentration finale de 50 mM
    b. Dans le cas de la conformation E_2-VO_4^{3+} : de l'orthovanadate de Na^+ pour obtenir une concentration finale de 0.5 mM

c. Dans le cas de la conformation E_2-K^+-VO_4^{3+} : du KCl pour obtenir une concentration finale de 50 mM ainsi que de l'orthovanadate de Na^+ jusqu'à une concentration finale de 0.5 mM
d. Dans le cas de la conformation E_1-ATP : solution d'ATP pour obtenir une concentration finale de 2 mM
e. Dans le cas de la conformation E_1 : du tampon S-Hepes seul puisque cette conformation est induite spontanément en absence de tout ligand.
5. Ajouter la trypsine, fraîchement préparée dans un tampon S-Hepes, jusqu'à atteindre un rapport massique de ¼ (w/w).
6. Laisser incuber en bain thermostatique à 37°C pendant 45 minutes
7. Stopper la réaction enzymatique à l'aide d'un bain de glace (4°C)
8. Ajouter à l'échantillon l'inhibiteur de trypsine (Trypsin inhibitor soybean) pour atteindre un rapport massique de 1/15 (trypsine/inhibiteur (w/w))
9. Agiter sur vortex pendant 30 secondes
10. Centrifuger l'échantillon à 100000 G pendant 30 minutes minimum (condition obtenue sur ultracentrifugeuse Beckmann L7-65 avec un rotor de type SW60 tournant à 35000 rpm)
11. Afin d'éliminer les résidus de trypsine ou peptidiques non associés à la membrane, redissoudre le culot ainsi formé dans le tampon S-Hèpes/50mM KCl et relancer la centrifugation sous les même conditions.
12. Récupérer le culot résiduel contenant les tubulovésicules et le resuspendre dans 50 µl le tampon Hepes-Tris 20 mM (mis à pH=6.8 à l'aide dune solution de Tris saturé) / 50 mM KCl.
13. Conserver l'échantillon à –20°C après cryogénisation à l'azote liquide.

Les solutions utilisées lors de cette procédure sont toutes réalisées, à l'exception du tampon Hepes-Tris 20 mM, dans le tampon de stockage S-Hepes utilisé au cours de la procédure d'isolement des tubulovésicules. Ceci afin de préserver les conditions iso-osmotiques durant la procédure de protéolyse. Toutes les procédures faisant suite à l'arrêt de la réaction de protéolyses ont été réalisées en présence de K^+ (50mM) afin d'éviter la perte de segments trans-membranaires tels que M5 et M6.

V.7 Procédure de marquage au P.C.M ({7-Diéthylamine-3-(4-maléimidylphényl)-4-méthylcoumarine}) :

Afin d'obtenir une meilleure détection des peptides résultant des procédures de protéolyse, nous avons décidé de les marquer à l'aide d'un marqueur fluorescent se fixant sur les cystéines. A l'aide de ce marquage, il nous est possible de visualiser les peptides après migration sur le gel Tris-Tricine sans avoir recours à une procédure de coloration non compatible avec les procédures de séquençage.

Une quantité de 5 à 10 µl d'une solution de P.C.M à 10 mg/ml (solubilisée dans de l'acétone) est nécessaire pour marquer de manière efficace 100 µg de protéine. Le marquage nécessite une incubation d'au moins une heure à l'abri de la lumière. Les protéines marquées sont ensuite récupérées après élimination des lipides par précipitation sélective et centrifugation. Il est à noter, que la procédure d'élimination des lipides utilisée ici, a été effectuée sur tous les échantillons issus des protéolyses (et ceci même sans effectuer de procédure de marquage), afin d'éviter tous problèmes, par la suite, inhérents à la présence de lipide. La procédure de marquage ainsi que d'élimination des lipides et récupération de l'échantillon protéique peut se résumer ainsi :
1. Resuspendre 100 µl d'échantillon traité à la trypsine dans 100 µl de tampon Hepes-Tris 20 mM (mis à pH= 6.8 par une solution de Tris saturée).

Matériels et méthodes

2. Rajouter un volume égal de S.D.S 10 % (w/v).
3. Vortexer 1 minute et incuber 10 minutes à température ambiante (20C°-25°C)
4. Ajouter 20 µl de P.C.M 10 mg/ml dans l'acétone (5-10 µl par 100 µg de protéine).
5. Placer sur vortex quelques secondes et placer en incubation à température ambiante et à l'abri de la lumière pendant une heure.
6. Rajouter à l'échantillon 2.2 ml de méthanol froid (placé au préalable durant une heure au moins à –20°C).
7. Incuber à –20°C pendant au moins 2 heures (temps idéal « Over night »), afin de faire précipiter les protéines.
8. Centrifuger à 100.000 G pendant au moins 15 minutes (condition obtenue avec ultracentrifugeuse Beckmann L7-65 équipée d'un rotor SW60 tournant à 35000 rpm).
9. Eliminer le surnageant et sécher le culot sous flux d'azote.

Cet échantillon marqué peut maintenant être chargé sur gel et visualisé sous lampe ultraviolette. Si aucune procédure de marquage n'est réalisée (uniquement étape 6 à 9), nous obtenons donc un échantillon débarrassé de tous résidus lipidiques et prêts à subir la procédure de purification H.P.L.C.

V.8 Procédure de purification par R.P-H.P.L.C :

La procédure de purification de peptides hydrophobes par chromatographie liquide à haute performance (H.P.L.C) se réalise en, ce qu'on appelle, condition de phase inverse (ou « Reverse Phase »). Sous ces conditions la phase mobile, servant à décrocher les peptides de la phase statique représentée par la colonne, est constituée d'un solvant ou mélange de solvants plus ou moins hydrophobes. Dans notre cas nous avons opté, après plusieurs essais infructueux, pour un mélange d'acétonitrile et d'eau. Afin d'optimiser notre élution, nous avons fait varier le caractère hydrophobe de la phase mobile en établissant celle-ci sous forme d'un gradient constitué par ces deux solutions et variant tout au long de l'élution. Le caractère hydrophobe de la phase mobile ainsi constituée s'accentue, par une augmentation du pourcentage en acétonitrile, tout au long de l'élution. Ceci permet de décrocher dans un premier temps les peptides les moins hydrophobes et sur la fin les plus hydrophobes.

Une procédure de solubilisation de l'échantillon est nécessaire avant toute procédure de chromatographie liquide à haute précision. Celle-ci a été réalisée à l'aide d'une solution fortement acide contenant de l'acide formique ainsi que de l'isopropanol. Pour finir, l'éluat est fractionné et les fractions contenant des résidus protéiques probables (identifiés à l'aide d'une détection par spectrophotométrie) sont lyophilisées. Ceci permet d'éliminer la phase mobile ayant servi à l'élution et de concentrer fortement l'échantillon protéique. La présence de résidus protéiques est vérifiée par des méthodes d'électrophorèses sur gel Tris-tricine.

La procédure de purification peut donc se résumer de cette façon :

1. Solubilisation de l'échantillon :
   a. L'échantillon délipidé est dissout (sur glace) dans 5ml d'une solution constituée d'un mélange d'acide formique, d'isopropanol et d'eau ultra pure en proportion 4/3/3 (v/v/v).
   b. La solution solubilisée ainsi obtenue est placée sous sonicateur à 4 reprises durant 30 secondes (condition obtenue à l'aide d'un sonicateur SONIFIER®B-12 de chez Branson SONIC Power Company, équipé d'une tête de sonication de 1cm et placé sur une puissance nominale de 50W).
   c. L'échantillon est ensuite filtré sur filtre Millex®HV de 0.45µm a faible rétention protéique, afin d'éliminer tous résidus non solubilisés et pouvant provoquer une déstruction de la colonne H.P.L.C.

Il est à noter que chacune de ces étapes doit se réaliser sur glace afin de maintenir une température basse et éviter ainsi toutes réactions parasites entre l'acide formique et les résidus protéiques (formylation).

2. Elution en condition de RP-H.P.L.C :
   a. Charger les 5 ml de l'échantillon solubilisé dans la boucle de chargement de la chaîne H.P.L.C
   b. Lancer un pré « run » de 30 minutes en condition de départ de gradient. C'est à dire, avec une phase mobile constituée de 60% de solution B (Acétonitrile / solution A dans un rapport 9/1 (v/v)) (solution A : H_2O / acide phosphorique 0.1 % (v/v)/tétraethylamine 0.1% (v/v)) à un débit de 0.5 ml/min.
   c. Lancer le gradient durant 120 minutes, à un débit de 1 ml/min, vers 100% en solution B.
   d. Laisser la chromatographie se poursuivre durant 15 minutes à 100% à un débit de 1ml/min en solution B pour nettoyer et s'assurer d'avoir décroché tout l'échantillon protéique chargé sur la colonne.

L'élution se décompose donc en deux étapes. La première utilise une phase mobile de composition constante (60% en solution B) et permet de charger l'échantillon sur la colonne de chromatographie. Celle-ci est dans notre cas de type C18 model Alltima 5u de 250mm sur 4.6mm fabriquée par la société Alltech. A cette colonne nous avons couplé une pré-colonne « Safe-Guard » de même type afin de préserver notre colonne principale de tout risque de destruction occasionné par des agrégats résiduels. La seconde partie de l'élution se déroule durant 120 minutes avec une phase mobile dont la composition varie jusqu'à atteindre 100% en solution B. Ce gradient est obtenu à l'aide d'une pompe H.P.L.C de model LKB fabriquée par Pharmacia. L'éluat est fractionné tout au long de l'élution par une unité de fractionnement de type LKB RediFrac. Ce fractionnement génère des fractions de 1.5 ml. La présence de résidus protéiques est suivie tout au long de l'élution à l'aide d'un détecteur de marque Kontron et de model 335, couplé à un ordinateur personnel tournant sous le programme d'acquisition de données chromatographiques « PC Intergration pack » V3.94. L'absorbance de l'éluat est vérifiée à deux longueurs d'onde, 210 nm ainsi que 280 nm, pour permettre la détection de respectivement tous résidus présents dans celui-ci et de résidus protéiques contenant des acides aminés aromatiques. De cette manière nous n'isolons que les fractions contenant potentiellement des résidus protéiques.

3. Lyophilisation des fractions :
   a. Les fractions, situées dans un pic d'absorption identifié par le détecteur, sont ensuite récupérées et congelées à l'aide d'un bain d'azote liquide.
   b. Les fractions ayant subies la cryogénisation sont ensuite placées dans un lyophilisateur (condition obtenue à l'aide d'un lyophilisateur de marque VIRTIS et de model Sentry®) durant 24 heures afin d'éliminer la phase mobile présente.

Les échantillons ainsi obtenus sont prêts à être chargés sur un gel Tris-Tricine afin de s'assurer de la présence effective de peptides.

Matériels et méthodes

V.9 Reconstitution des peptides membranaires au sein de vésicules d'asolectine :

Une fois les peptides purifiés et lyophilisés, ils nous faut maintenant les réinsérer au sein d'un environnement lipidique. Pour se faire nous avons choisi, comme type de lipide, l'asolectine. La procédure de réinsertion se base sur une réinsertion de peptides, solubilisés à l'aide d'un détergent, dans des vésicules mixtes, composées de lipides et de détergent. Le détergent est éliminé en fin de procédure à l'aide de bio-billes. Ces bio-billes agissent un peu comme de petites colonnes de chromatographies piégeant les molécules de détergents libres et déplaçant ainsi l'équilibre de la réaction de solubilisation du détergent. Ainsi le milieu se voit appauvri progressivement en molécules de détergent libres. Par conséquent, afin de rétablir l'équilibre, des molécules de détergent associées aux vésicules d'asolectine se voient migrer vers la phase aqueuse. De cette manière, nous éliminons les molécules de détergents associées à nos peptides ainsi qu'à nos vésicules lipidiques. Ceci permet de se retrouver au final avec uniquement des vésicules lipidiques ne contenant que nos peptides libérés de toutes molécules de détergents. Pour réaliser cette manipulation, il nous faut donc effectuer différentes étapes. La première consiste à solubiliser l'échantillon peptidique à l'aide d'un détergent. La seconde s'attarde à fabriquer des vésicules mixtes d'asolectine et de détergent. La troisième porte sur la mise en présence de ces deux constituants, afin de permettre l'échange et l'insertion des peptides au niveau des vésicules lipidiques. Enfin, la quatrième porte sur l'élimination du détergent. Toutes ces étapes se déroulent dans un tampon de reconstitution Hepes 10mM (mis à pH=6.8 à l'aide d'une solution de Tris saturée). Ce tampon est appelé tampon Hepes-Tris 10mM. Les tentatives de réinsertion effectuées en présence de K^+ ont, quant à elles, été réalisées dans le même tampon auquel nous avons ajouté du KCl à concurrence de 50mM en concentration finale. Cette expérience peut donc se résumer de la manière suivante :

1. Solubilisation de l'échantillon peptidique :
   a. L'échantillon lyophilisé, obtenu après la procédure de purification par RP-H.P.L.C, est solubilisé à l'aide de 50µl d'une solution de D.D.M 0.2% (w/v)(dodecyl maltoside).
   b. L'échantillon est ensuite placé sur vortex à trois reprises durant 1 minute.
   c. On laisse l'échantillon incuber 10 minutes à température ambiante.

2. Préparation des vésicules d'asolectine :
   a. Peser 0.6 mg d'asolectine
   b. Y ajouter 1 ml de chloroforme
   c. Agiter et faire évaporer le chloroforme, sous rotation, afin de fabriquer un film d'asolectine.
   d. Placer le film ainsi obtenu sous vide durant minimum 12 heures, afin d'éliminer toutes traces de chloroforme résiduel.
   e. Y ajouter 1 ml de tampon de reconstitution (Hepes-Tris 10 mM pH=6.8)
   f. Placer sous sonication sur glace durant 30 secondes à 4 reprises (condition obtenue à l'aide d'un sonicateur de marque BRANSON SONIC POWER, de modèle SONIFIER®B-12, placé à une puissance nominale de 50W et équipe d'une tête de sonication de 1cm de diamètre).
   g. Une fois la sonication terminée, ajouter à l'échantillon de vésicules d'asolectine 3.8 µl d'une solution de D.D.M 10% (w/v)
   h. Laisser incuber sous agitation à 4°C durant 30 minutes.

3. Reconstitution et élimination du détergent :

a. Mettre en présence les vésicules d'asolectine ainsi que l'échantillon protéique solubilisé.
b. Laisser incuber le mélange durant 3 heures à 4°C sous agitation continue. Nous obtenons à ce moment une solution contenant un rapport détergent/lipide de 9/10 (w/w) (total détergent D.D.M = détergent de la solubilisation + détergent préparation des vésicules)
c. Y ajouter 10 mg de bio-billes (Bio-Beads®SM-2 adsorbent de chez BIO-RAD companies) et laisser incuber à 4°C sous agitation durant 1 heure.
d. Centrifuger et éliminer les bio-billes.
e. Recommencer l'étape c. et d. mais avec 20% de bio-billes en plus.
f. Recommencer étape c. mais avec 40 % de bio-billes en plus et laisser incuber cette fois-ci durant 12 heures ou toute la nuit à 4°C et sous agitation constante.
g. Eliminer par centrifugation les bio-billes et récupérer le surnageant.
h. Recommencer étape c. mais avec 20% de bio-billes en plus et laisser incuber durant 2 heures à 4°C sous agitation constante.
i. Eliminer les bio-billes par centrifugation.
j. Récupérer le surnageant et centrifuger celui-ci à 100.000 G durant 3 heures minimum (condition « over night » idéale) (condition obtenue sur ultracentrifugeuse Beckmann L7-65, équipé d'un rotor de type SW60 et tournant à 35000 rpm).
k. Récupérer le culot, représentant les vésicules d'asolectine contenant le peptides d'intérêt, dans 10 µl de tampon de reconstitution (Hepes-Tris 10 mM pH=6.8).

L'échantillon est maintenant prêt à subir les mesures de spectroscopie « ATR-IR ».

V.10 Gradient de saccharose :

La réinsertion peptidique est vérifiée sur gradient de saccharose continu. L'échantillon est mélangé, en même proportion, à une solution de saccharose 80 % (w/v) préparée dans de l'eau. Ensuite cet échantillon est placé au bas d'un tube de centrifugation contenant un gradient de saccharose continu allant de 40% à 10% et réalisé dans un tampon Hepes-Tris 5 mM (pH=6.8 à l'aide d'une solution de Tris saturée). L'échantillon subit ensuite une centrifugation à 100.000 g durant 12 heures à 4°C. Les gradients sont ensuite fractionnés en échantillons de 400 µl, sur lesquels on test la présence de lipides ainsi que de protéines. Les échantillons ayant subis la réinsertion en présence de K^+ sont, quant à eux, placés sur un gradient contenant 20 mM en KCl. La manipulation peut donc se résumer de cette manière :

1. Diluer l'échantillon issu de la procédure de reconstitution jusqu'à un volume de 100µl dans un même tampon que celui dans lequel il est stocké (Hepes-Tris 10 mM pH=6.8)
2. Diluer l'échantillon dans un même volume de solution de saccharose 80% (w/v) (préparé dans l'eau distillée). Au final on se retrouve donc avec une solution 40% saccharose dans un tampon 5mM Hepes-Tris pH=6.8 (puisque l'échantillon est stocké, après la procédure de réinsertion, dans un tampon Hepes-Tris 10 mM pH=6.8).
3. Placer l'échantillon sur un vortex durant une minute.
4. Placer cet échantillon, ainsi obtenu, au fond du tube à centrifuger qui va accueillir le gradient de saccharose 40%-10%.
5. Couler, par dessus l'échantillon, un gradient de saccharose continu, à l'aide d'une pompe péristaltique, au départ d'une solution de saccharose 40% (w/v) (préparée dans un tampon Hepes-Tris 5 mM mis à pH=6.8 à l'aide d'une solution de Tris saturée) et d'une solution de saccharose 10% (w/v) (préparée dans un tampon Hepes-Tris 5 mM pH=6.8). Le gradient doit représenter au final ¾ du volume total du tube le contenant.

Matériels et méthodes

6. Centrifuger le tube à 100000 g durant 8 heures ou « over night » à 4°C (condition obtenue sur ultracentrifugeuse Beckmann L7-65, équipé d'un rotor de type SW60 tournant à 35000 tours/min).
7. Fractionner le gradient en différents échantillons, à l'aide d'une pompe péristaltique, de volume égal à 300 µl (représentant dans notre cas 1/12 du volume total du tube à centrifuger).
8. Doser dans chaque fraction les protéines ainsi que les lipides à l'aide des procédures de dosage colorimétrique.
9. Les fractions contenant à la fois des lipides ainsi que des protéines sont ensuite lavées dans 10 fois leur volume de tampon Hepes-Tris 2mM (pH=6.8 à l'aide d'une solution de Tris saturée).
10. Chaque fraction lavée est ensuite centrifugée, pour éliminer le tampon de lavage, à 100000 g et 4°C durant 1 heure. (L7-65 équipée d'un rotor SW60 tournant à 35000 tours/min).
11. Eliminer le surnageant et rajouter au culot 100 µl de tampon de lavage (Hepes-Tris 2 mM pH=6.8 par solution de Tris saturée).

V.11 Spectroscopie Infrarouge par transformée de Fourier en mode de réflexion totalement atténuée : (« ATR-IR »)

La structure secondaire ainsi que l'insertion membranaire, de l'échantillon réinséré représentant M5 et M6 issu de la protéolyse de la conformation E_2 de la H^+,K^+-ATPase, ont été mesurées et vérifiées sous un spectrophotomètre infrarouge de marque Brucker et de modèle IFS55 équipé d'un détecteur M.C.T refroidi à l'azote liquide. Le spectre d'absorption est obtenu sur base de la moyenne issue d'une série de 256 spectres pris à une résolution de 2 cm^{-1} sur une gamme de fréquence s'étalant de 4000 cm^{-1} à 800 cm^{-1}. Les spectres sont pris sous vapeur de D_2O continue et à température ambiante. Les spectres ainsi obtenus sont analysés sous l'interface Opus 2.0 sous OS2/Warp. Les différentes manipulations nécessaires peuvent se résumer ainsi :

1. 100 µl d'échantillon réinséré est étalé, sous flux d'azote, sur une plaque de germanium. Cela conduit à la formation d'un film, formé par des multicouches, orientées parallèlement à la surface du cristal de germanium et semi hydratées.
2. La plaque de Ge est placée sur un support vertical ATR-FTIR (de marque Harrick) dans le spectrophotomètre sous une atmosphère d'air sec durant 15 minutes (60ml/min de débit).
3. On lance ensuite le flux de vapeur de D_2O (60 ml/min) constant pendant 10 minutes.
4. On prend une série de 256 spectres, à une résolution de 2 cm^{-1} et sur une gamme de fréquence allant de 4000 cm^{-1} à 800 cm^{-1}, sous une source lumineuse incidente non polarisée.
5. On prend une série de spectres, dans les mêmes conditions, mais cette fois-ci sous une lumière polarisée à 90°
6. On recommence la prise de spectres, mais cette fois-ci sous une lumière incidente polarisée à 0°.

Les spectres ainsi obtenus sont analysés sous l'interface Opus, fourni par la société Brucker, sur un PC équipé de l'OS2/Warp. La procédure de déconvolution de l'amide I, présent sur les spectres non polarisé, est effectuée à l'aide du programme d'analyse de spectre ATR-IR développé par M. Erik Goormatight (Kinetics).

Matériels et méthodes

V.12 Modélisation 3D sous l'interface Deep-View 3.7 :

Les différentes étapes nécessaires à l'obtention d'un modèle tridimensionnel peuvent être effectuées sous l'interface Deep-View. Il s'agit de :

V.12.1   Recherche de la structure de référence :

Cette partie porte sur l'obtention d'une structure tridimensionnelle connue pouvant servir de référence lors de la procédure de modélisation. Ceci est obtenu à l'aide d'algorithme de recherche de similitudes séquentielles sur base de la séquence de notre protéine d'intérêt. Dans notre cas, nous avons effectué cette étape de manière indépendante, mais celle-ci peut être effectuée directement dans l'interface de modélisation de Deep-View, selon la procédure suivante :

1. Il faut charger la séquence de la protéine de structure inconnue dans l'interface de modélisation Deep-view 3.7. Ceci est obtenu en allant dans le menu « Swiss-Model » de Deep-View et en choisissant l'option « Load RAW sequence to model ».
2. Une fois ceci fait, aller dans le menu windows de Deep-View 3.7 et choisir l'option control panel afin de pouvoir sélectionner les acides aminés de la séquence à comparer à la banque de données.
3. Une fois les acides aminés de la séquence choisis (dans notre cas l'entièreté de la séquence), aller dans le menu « Edit » et choisir « Blast selection vs Expd ». A ce moment là l'algorithme Blast de recherche de similarités est lancé sur la banque de données Expd avec la séquence de la protéine chargé au point 1.
4. Choisir dans la fenêtre de résultats, apparaissant, la structure de référence recherchée. Il est à remarquer, que pour être en accord avec les limites de validités inhérentes à l'utilisation de Deep-View, seules les structures possédant au moins 25% d'identité stricte seront retenues.

Les valeurs des paramètres nécessaires à cette partie, telles que l'adresse des différents serveurs utilisés, peuvent être configurées sous le menu « preference » à l'option « Network ». L'adresse du serveur de structure de référence utilisée par nous est la suivante : www.swissmodel.unibas.ch avec le port de communication 27000.

V.12.2   Alignement séquentiel :

L'alignement séquentiel indispensable à la procédure de modélisation, a été par nous effectué à l'aide de l'algorithme d'alignement ClustalW en mode automatique. C'est à dire, que le type de matrice de substitution utilisée ainsi que le choix de la valeur de pondération octroyée au « GAP » ont été laissées à l'entière discrétion de l'algorithme. Néanmoins, un alignement séquentiel peut être réalisé sous Deep-View. Pour ce faire, effectuez la procédure suivante :

1. Allez dans le menu « Fit » de Deep-view, et choisissez l'option « Fit RAW séquence ». A ce moment, désignez dans la fenêtre d'option qui apparaît, la séquence de référence ainsi que celle de la protéine à modéliser.
2. Retournez dans le menu « Fit » et choisissez l'option « generate structural alignement ». Les options de l'alignement (type de matrice ou valeur octroyé au GAP ») peuvent être définies dans le menu « preference » à l'option « alignement... ». L'algorithme d'alignement utilisé par Deep-view est l'algorithme SIM utilisant des matrices de type « Blosum » ou « PAM ».
3. L'alignement ainsi obtenu peut encore être modifié manuellement à l'aide de la fenêtre « alignement » disponible dans le menu « windows » de Deep-view 3.7. Dans

Matériels et méthodes

cette fenêtre, il est possible de déplacer un ou une série d'acides aminés en les sélectionnant et en utilisant les touches fléchées couplées à la touche CTRL.

V.12.3 Procédure de modélisation :

Une fois l'alignement obtenu, le projet de modélisation peut être soumis au serveur de modélisation de Swiss Prot. Ceci peut être réalisé directement sous Deep-view 3.7 :

1. Allez dans le menu « Swiss-model », choisissez l'option « submid modeling request ».

Si un modèle est généré, il sera envoyé avec son rapport Procheck sur votre boite E-mail. Le réglage des paramètres de réponse tels que votre adresse E-mail peuvent être effectués dans le menu « preference » à l'option Swiss-Model.
L'adresse du serveur de modélisation utilisée par nous est la suivante :
http://www.expasy.org/swissmod/cgi-bin/sm-submit-request.cgi
avec le port de communication 27000.

V.13 Procédure de détermination des sites de fixations ioniques : « lien de valence » et « C.B.V.S » :

Afin de déterminer les potentiels sites de fixations ioniques membranaires, présents sur nos modèles structuraux, nous avons opté pour une procédure théorique du lien de valence développée par Nayal et Di Cera (Nayal et Di Cera,1994,1996), ainsi qu'une procédure optimisée de celle-ci, la procédure C.B.V.S (Müller et al.,2003).

V.13.1 Calcul du lien de valence d'après Nayal et Di Cera (1996):

Cette approche se base sur l'existence d'une géométrie particulière lors du phénomène de fixation ionique par des protéines. Cette géométrie doit permettre la mise en place, au sein du site de fixation, d'un nombre de doublets non liant permettant de contre balancer la charge portée par l'ion fixé. La somme des distances séparant chacun de ces doublets non liant de l'ion définit, ce qu'on peut appeler, le lien de valence. Celle-ci doit, dans le cas d'un ion métallique, être en valeur absolue égale à la charge portée par cet ion (Nayal et Di Cera,1996). Le calcul du lien de valence Vi se fait sur base de l'équation suivante :

$$Vi = \sum_j vij \quad (1)$$

où $vij = \exp\{\dfrac{(d_o - d_{ij})}{b}\}$ (2) d'après Nayad et di Cera (1996).

Ici Vi (1) est appelé Lien de valence, vij (2) est la valence ou « ordre du lien » d'une liaison joignant deux atomes i et j séparés d'une distance valant d_{ij}. La constante d_o représente la distance idéale du lien joignant, dans le cas d'une liaison covalente, l'atome i à l'atome j. Cette constante est définie selon Brese et O'Keeffe (1991). La constante b est appelée facteur b et est une constante universelle communément fixée à la valeur de 0.37 Å (Brown et Altermatt,1985). Dans le cas d'ions métalliques, j dans (1) faut 6 pour une coordination de type octaédrique.

V.13.1.1   Procédure « C.B.V.S » d'après Müller et al. (2003) :

Cette procédure a été utilisée afin de pouvoir différentier les sites pouvant accepter deux types d'ions iso-électroniques tels que K^+ ou Na^+. Elle dérive de la procédure de Nayal et Di Cera, et représente une normalisation de la valeur du lien de valence obtenu par rapport à ce que l'on peut retrouver pour un atome de Ca^{++}. Elle se base sur l'équation suivante dérivée directement de celle de Nayal et Di Cera (1996) :

$$CVBS_i = \sum_j \left[\exp\left(\frac{d_0^{Ca} - d_{ij}}{b}\right) v_j \right]$$ (3) d'après Müller et al.(2003)

où la valeur « CBVS » représente donc le lien de valence normalisée par rapport à ce que l'on peut retrouver pour la fixation de l'ions Ca^{++}. La constante d_0^{Ca} représente la constante « C.B.V.S » du lien idéal liant un ion Ca^{++} à 6 atomes d'oxygènes et est fixé à 2.37 Å. d_{ij} représente la distance séparant l'ion i du doublet j. v_j représente le rapport d'occupation, dans le cas d'une coordination homogène par 6 atomes d'oxygènes, ce rapport vaut 1/6 pour chacun des atomes. La constante b reste quant à elle, celle universelle et vaut 0.37 Å.

V.13.1.2 Mode opératoire :

V.13.1.2.1 Ajout de molécules d'eau aux structures modélisées :

Dans un premier temps, il nous faut posséder des structures possédant des molécules d'eau afin de pouvoir calculer le lien de valence portée par celles-ci. Cette procédure a été effectuée sous l'interface de modélisation Deep-View 3.7 de la façon suivante :

1. Charger le modèle dans l'interface de modélisation Deep-View 3.7 à l'aide de l'option « open PDB file » disponible dans le menu « File ».
2. Ajouter une molécule d'eau à l'aide de l'option « add H2O » disponible dans le menu « Build ».
3. Placer la molécule d'eau en pointant sur l'un des résidus devant faire office de voisin.
4. Une fois la molécule d'eau placée, la position de celle-ci est corrigée à l'aide du programme WhatIF 5.0 et le modèle subit une procédure de minimisation d'énergie à l'aide de l'algorithme Gromos96.

Il est à remarquer pour le point 3, que le programme Deep-View place la molécule d'eau à proximité du résidu pointé à la condition que celui-ci possède un doublet non liant susceptible d'accepter un pont H provenant d'un des hydrogènes de la molécule d'eau.

V.13.1.3 Calcul des distances de liaison des sites de fixations ioniques :

Le modèle contenant les molécules d'eau potentiellement remplaçables par un ion métallique est ensuite traité à l'aide des programmes d'analyse de contact C.S.U ou L.P.C. afin de déterminer les éventuels ponts hydrogènes possibles pour les molécules d'eau et formés avec des résidus issus de la protéine.
Le programme C.S.U pour « Contact Structure Unit », ainsi que L.P.C pour « Liguand Protein Contact » sont disponibles à l'adresse suivante : http://bioinfoweizmann.ac.il:8500/lpccsu.
Les valeurs des distances de liaison obtenues ici sont utilisées dans la procédure de calcul du lien de valence à l'aide des équations (1) et (2) et dans la procédure « C.B.V.S » à l'aide de l'équation (3).

V.14 Modes opératoires divers:

V.14.1 Coloration au nitrate d'argent :

Après migration sur gel Tris-Tricine, les gels sont colorés à l'argent afin de s'assurer de la présence de protéines. Le protocole de coloration est dérivé de celui fourni par la société pharmacia S.A et peut se résumer ainsi :

1. Tremper le gel au moins une heure dans la solution de fixation (éthanol 125 ml, acide acétique 30 ml, formaldéhyde 37% 0.125ml, qsp 250 ml avec de l'eau distillée).
2. Laver trois fois 20 minutes le gel dans une solution de lavage (éthanol 50% (v/v)).
3. Placer le gel une minute dans la solution de pré-traitement ($Na_2S_2O_3.5H_2O$ 0.05g dans 250 ml d'eau distillée)
4. Laver trois fois une minute dans un bain d'eau distillée
5. Incuber le gel pendant 20 minutes, à l'abri de la lumière, dans une solution de nitrate d'argent ($AgNO_3$ 0.4g, formaldéhyde 37% 0.15 ml, qsp 200 ml avec eau distillé)
6. Laver trois fois 20 secondes le gel dans un bain d'eau distillée.
7. Développer le gel à l'aide d'au moins deux bains successifs dans la solution de développement (Na_2CO_3 12g, $Na_2S_2O_3.5H_2O$ 2 mg, formaldéhyde 37% 0.250 ml, qsp 400 ml)
8. Le développement est arrêté par immersion du gel dans la solution de « stop » (EDTA 5 g pour 250 ml d'eau distillée)
9. Le gel est ensuite lavé pendant 20 minutes dans une solution d'éthanol 50% (v/v) et stocké dans une solution de glycérol 3% (v/v)

VI Références :

Abraham D.J., Leo A.J. (1987) *Prot. Struct. Funct. and Gene.* **2**,130-152

Abrahams JP, Leslie AG, Lutter R, Walker JE. (1994) *Nature* **370**(6491): 621-628.

Albers R.W, Koval G.J. and Swann A.C. (1974) *Ann. NY Acad. Sci* **242**:268-279

Altschul S.F, Madden T.L,Schaffer A.A zhang J., Miller W. and Lipman D.J (1997) *Nucleic Acids Res.* **25**(17):3389-402.

Andersen, J. P., Vilsen, B., Collins, J. H. and Jørgensen, P. L. (1986) *J. Membr. Biol.* **93**, 85-92

Aurora R. and Rose G. D. (1998) *Prot. Sience* **7**, 21-38

Auer M, Scarborough GA, Kuhlbrandt W. (1998)*Nature.***392**(6678):840-3.

Asano S., Arakawa S., Hirasawa M., Sakai H., Ohta M. and Ohta K. (1994) *Biochem J.* **299**,59-64

Asano S, Io T, Kimura T, Sakamoto S, Takeguchi N. (2001) *J Biol Chem.* **276**(33):31265-73.

Auer M, Scarborough GA, Kuhlbrandt W.(1998) *Nature* **392**(6678),840-843

Auer M, Scarborough GA and Kuhlbrandt W. (1999) *J Mol Biol* **287**(5),961-968

Axelsen K.B. and Palmgren M.G. (1998) *J. Mol. Evol.* **46**,84-101

Bamberg K. and Sachs G (1994) *J. Biol. Chem* **269**,16909-16919

Bamberg K., Mercier F.,Reuben M., Kobayashi Y., Mubsin K. and sachs G. (1992) *Biochim. Biophys. Acta* **1131**: 69-77

Besancon M, Shin J.M, Mercier F., Munson K, Miller M., Hersey S.and Sachs G. (1993) *Biochemistry* **32**, 2345-2355

Besancon M, Simon A, Sachs G, Shin JM (1997) *J Biol Chem.* **272**(36):22438-46.

Blostein R., Dunbar L., Mense M., Scanzano R., Wilczynska A. and Caplan M (1999) *journal of biochemistry* **274** (26):18374–18381

Brese N.E. and O'Keeffe M. (1991) *Acta Cryst.* **41**:192-197

Brenzinski P, Malmsmröm Bo G.; Lorentzon P. and Wallmark B. (1988) *Biochim. Biophys. Acta.* **942**,215-219

Brown I.D. and Altermatt D. (1985) *Acta Cryst.* **41**:244-247

Burnay M, Crambert G, Kharoubi-Hess S, Geering K, Horisberger JD. (2001) *Arch Biochem Biophys* **387**(1):27-34

Burnay M, Crambert G, Kharoubi-Hess S, Geering K, Horisberger JD. (2003) *J Biol Chem.* **278**(21):19237-44

Capasso J.M., Hoving S.,Tal D.M, Goldshleger R. and Karlish S.J. (1992) *J. Biol. Chem.* **267**, 1150-1158

Caplan M., Baron R., Neff L.,Shull G and Forbush B. (1990) *J. Cell. Biol.* A4448

Capasso, J. M., Hoving, S., Tal, D. M., Goldshleger, R. and Karlish, S. J. D. (1992) *J. Biol. Chem.* **267**: 1150-1158

Chou, P.Y. and Fasman, G. D. (1978) *Ann. Rev. Biochem.* **47**, 251-276

Chow D., Browning C. and Forte J. (1992) *Am. J. Physiol.* **263**, C39-C46

Champeil, P., Menguy, T., Soulie, S., Juul, B., Gomez de Gracia, A., Rusconi, F., Falson, P., Denoroy, L., Henao, F., le Maire, M. and Moller, J. V. (1998) *J. Biol. Chem.* **273**: 6619-6631

Chow D. and Forte J. (1993) *Am. J. Physiol.* **265**, C1562-C1570

Clarke, D. M., Loo, T. W., Inesi, G. & MacLennan, D. H (1989) *Nature* **339** : 476-478

Clarke DM, Loo TW & MacLennan D.H (1990) *J. Biol. Chem.* **265**,14088-14092

Collet, J. F., Stroobant, V., Pirard, M., Delpierre, G., & Van Schaftingen, E. (1998). *J. Biol. Chem.* **273**, 14107–14112.

Cserzo M., Wallin E., Simon I. VonHeijne G. and Elofsson A. (1997) *Ptortein Eng.* **10**,673-376

Cyrklaff M., Auer M., Kuhlbrandt W., and Scarborough GA (1995) *Embo J.* **14**: 1854-1857

Doyle D.A, Cabral J.M. Pfuetzner R.A., Kuo A., Gulbis J.M., Cohen S.L., Chait B.T and Mackinnon R. (1998) *Siences* **280** : 69-77.

Duman JG, Singh G, Lee GY, Machen TE, Forte JG. (2002)*Traffic.* 3(3):203-17.

Dupont Y. (1982) *Biochim Biophys Acta.* **688**(1):75-87.

Doyle D.A, Cabral J.M, Pfuetzner R.a, Kuo A., Gulbis J.M, Cohen S.L, Chait B.T and Mackinnon R. (1998) *Sience* **280**: 69-77

East J.M and Lee A.G., (1982) *Biochemistry* **21** ,4144–4151.

Eisenberg D., Schwarz E., Komarony M. and Wall R. (1984).*J. Mol. Biol.* **179**,125-142

Engh R A & Huber R (1991) *Acta Cryst.*, **A47**, 392-400.

Enseinberg D., Weiss R. and Terwilliger T. (1984) *Proc. Natl. Acad. Sci. USA* **81**, 140-144

Eisenberg D., Schwarz E., Komaromy M. and WalL R. (1984) J. Mol. Biol. **179**: 125-142

Fauchere J.-L.and Pliska V.E. Eur. (1983)*J. Med. Chem.* **18**,369-375.

Fillingame R. (1992) *J. Bioenerg. Biomembr.* **24**, 485-491

Forgac M ; (1992) *J. Bioenerg. Biomembr.* **24,** 339-340

Gascuel O. and Golmard J.L. (1988) *CABIOS* **4**, 357-365

Références

Gasset M., Laynez J., Menendez M., Raussens V and Goormaghtigh E. (1997) *J. Biol. Chem.* **272**, 1608-1614.

Gatto, C., Wang, A. X. and Kaplan, J. H. (1998) *J. Biol. Chem.* **273**: 10578-10585

Gatto C, Lutsenko S, Shin JM, Sachs G, Kaplan JH. (1999) *J Biol Chem.* **274**(20):13737-40.

Geering K. (2000) *J. Membr. Biol.*

Gerencser G.A. (1996) *Crit. Rev. Biochem. Mol. Biol.* **31**, 303-337

Gibrat, J.F., Garnier, J. and Robson, B. (1987) *J. Mol. Biol.* **198**, 425-443

Clarke DM, Maruyama K, Loo TW, Leberer E, Inesi G, MacLennan DH. (1989) *J Biol Chem.* **264**(19):11246-51.

Goldshleger R., Patchornik G., Bar Shimon M., Tal D.M., Post R.L. & Karlish S.J.D (2001) *J Bioenerg. Biomembrane* **33**,387-401

Ghosh M. C., Jencks W.P. (1996) *Biochemistry,* **35**, 12587-12590.

Görne-Tschelnokow, U., Strecker, A., Kaduk, C., Naumann, D., and Hucho, F. (1994) *EMBO J.* **13**, 338-341

Goetz M., Rusconi F., Belghazi M, Schmitter J.M and Dufourc E.J (2000) *Journal of chromatography B.* **737** 55-61

Guex, N and Peitsch, M.C.(1996) *Protein Data Bank Quaterly Newsletter* **77**, pp. 7.

Guex, N.(1996) *Experientia* **52**, pp. A26.

Guex, N. and Peitsch, M.C. (1997) *Electrophoresis* **18**, 2714-2723.

Guex N, Diemand A and Peitsch MC (1999) *TiBS* 24:364-367.

Guex N and Peitsch MC (1999) Molecular modelling of proteins. *Immunology News* 6:132-134.

Guex N, Diemand A and Peitsch MC (1999) Protein modelling for all. *TiBS* 24:364-367.

Hall K, Perez G., Aderson D., Guttierrez C., Munson K., Hersey S.J., Kaplan J.H. and Sachs G. (1990) *Biochemestry* **29**, 701-706

Helmich de Jong M.L.,van Emst de Vriews S.E and de Pont J.J (1987) *Biochim. Biophys. Acta* **905**, 368-370

Helmich-de Jong M.L van Emst-de Vries S.E, de Pont J.J, Schuurmans Stekhoven F.M and Bonting S.L (1985) *Biochim Biophys Acta* **821**: 377-383

Hebert H, Purhonen P, Thomsen K, Vorum H, Maunsbach AB. (2003) *Ann N Y Acad Sci.* **986**:9-16

Hebert H, Purhonen P, Vorum H, Thomsen K, Maunsbach AB. (2001) *J Mol Biol.* **314**(3):479-94

Références

Herman G.P.Swarts, Harm P.H.Hermsen, Jan B.Koenderink, Feico M.A.H.Schuurmans Stekhoven and Jan Joep H.H.M.De Pont (1998) *EMBO* **17** (11): 3029–3035

Hermsen HP, Swarts HG, Wassink L, Koenderink JB, Willems PH, De Pont JJ. (2001) Biochemistry **40**(21): 6527-33

Hermsen HP, Swarts HG, Wassink L, Dijk FJ, Raijmakers MT, Klaassen CH, Koenderink JB, Maeda M, De Pont JJ. (2000) *Biochim Biophys Acta.* **1480**(1-2):182-90

Hermsen HP, Koenderink JB, Swarts HG, De Pont JJ. (1999) *Molecular Pharmacology* **55**(3)**:**541-547.

Hermsen HP, Swarts HG, Koenderink JB, De Pont JJ. (1998) *Biochem J.*;**331** (Pt 2):465-72

Henikoff S, Henikoff JG. (1992) Proc Natl Acad Sci U S **89** (22):10915-9

Hisano T, Hata Y, Fujii T, Liu JQ, Kurihara T, Esaki N, Soda K. J Biol Chem (1996) **271**(34):20322-30.

Hofmann K. and Stoffel W (1993) *Biol. Chem. Hoppe-Seyler.* **347**, 166-171

Hopp, T.P. and Woods, K.R. (1981) *Proc. Natl. Acad. Sci. USA* **78**, 3824-3828

Horisberger J.-D, Jaunin P., Reuben M., Lasater L., Chow D., Forte J., Sachs G., Rossier B. and Geering K. (1991) *J. Biol. Chem.* **266**, 19131-19134

Hubbart S.J. Campell S.F and Thornton J.M (1991) *J. Mol. Biol.* **220**:507-530

Hubbart S.j, Eisenmenger F. and Thornton J.M (1994) *Prot. Sc.* **3**:757-768

Hubbart S.J and Thornton J.M. (1992) *Faraday Discuss.* **93**, 13-23

Hubbard S.J, Beyond R.J and Thornton J.M (1998) *Prot. Eng.* **11**, 349-359

Jackson R.J, Mendlein J. and Sachs G. (1983) *Biochem. Biophys. Acta* **731**, 9-15

Jackson M.L and Litman B.J. (1982) *Biochemistry* **21**:5601-5608

Janin J. (1979) *Nature* **277**:491-492

Jencks WP. (1989) *J Biol Chem.* **264**(32):18855-8.

Jewell-Motz, E. A., and Lingrel, J. B (1993) *Biochemistry* **32**, 13523–13530

Jones, D.T., Taylor, W.R. and Thornton, J. M. (1994) *Biochemistry.* **33**, 3038-3049.

Jones D.T. (1998) *FEBS letters.* **423**: 281-285.

Jorgensen PL, Pedersen PA. (2001) *Biochim Biophys Acta.* **1505**(1):57-74.

Juul, B. et al. (1995) *J. Biol. Chem.* **270**, 20123-20134.

Kabsch W & Sander C (1983) *Biopolymers*, **22**, 2577-2637.

Karlish, S. J. D., Goldshleger, R. and Stein, W. D. (1990) *Proc. Natl. Acad. Sci. U.S.A.* **87**: 4566-4570

Karlish, S. J. D., Goldshleger, R. and Jorgensen, P. L. (1993) *J. Biol. Chem.* ***268***: 3471-3478

Références

Kenji Soda, and Nobuyoshi Esaki (1999) *J Biol Chem*, **274** (30), 20977-20981,Kyte, J. and Kuhlbrandt W, Auer M, Scarborough GA. (1998) *Curr Opin Struct Biol.* **8**(4):510-6.

Doolittle, R.F. (1982) *J. Mol. Biol.* **157**, 105-132

Kerkhoff C, Trumbach B, Gehring L, Habben K, Schmitz G, Kaever V. (2000) *Eur J Biochem.* **267**(21):6339-45.

Koederink J.B, Harm P.H., Hermsen P. Herman G.P, Swartz H., Peter H.G., Willems H.G.M and De Pont J.J. (2000) *Proc. Natl. Acad. Sci. USA* **97** (21),11209-11214.

Koederink J.B, Herman G.P, Swartz H., Stronks Ch., Harm P.H., Hermsen P., Willems H.G.M., and De Pont J.J. (2001) *J. Biol. Chem* **276** (15),11705-11721.

Kuntzweiler,T.A., Arguello,J.M. and Lingrel,J.B. (1996) *J. Biol. Chem.*, **271**, 29682–29687.

Landolt-Marticorena C., Willimas K.A., Deber C.M. and Reithmeier R.A (1993) *J. Mol. Biol.* **229**:602-608

Laskowski R A, MacArthur M W, Moss D S & Thornton J M (1993) *J. Appl. Cryst.*, **26**, 283-291.

Lambrecht N, Corbett Z, Bayle D, Karlish SJ, Sachs G. (1998)*J Biol Chem.* **273**(22):13719-28.

Lambrecht N, Munson K, Vagin O, Sachs G. (2000) *J Biol Chem.* **275**(6):4041-8.

Le Maire M., Deschamps S., Moller J.V, Le Caer J.P and Rossier J. (1993) *Anal. Biochem.* **214**, 50-57

Lemas M. V., Hamrick M., Takeyasu K. and Fambrough D.M. (1994) *J. Biol. Chem.* **269**: 8255-8259

Lemas M. V., Yu H.Y., Takeyasu K., Kone B. and Fambrough D.M. (1994b) *J. Biol. Chem.* **259**: 18651-18655

Lee A.GEast, J.M., (2001) *Biochem. J.* **356**: 665–683.

Lingrel J.B and Kuntzweiler T. (1994) *J. Biol. Chem.* **269**, 19659-19662.

Lins L, Thomas A, Brasseur R. (2003) *Protein Sci.* **12**(7):1406-17.

Lloyd K., Raybould H., Taché Y and Walsh J. (1992) *AM J. Physiol.* **262**, 747-755

Lutsenko S. and Kaplan J. (1995) Biochemistry **34**, 15607-15613

Lutsenko, S., Anderko, R. & Kaplan, J. H. (1995) *Proc. Natl Acad. Sci. USA* **92**: 7936–7940

Manciu L. Chang X-B, Riordan J.R. and Ruysschaert J-M (2000) *Biochemistry* **42**:13026-13033.

Meissner G, Fleischer S (1971). *Biochim Biophys Acta.* **241**(2):356-78.

McGuffin LJ, Bryson K and Jones DT. (2000) *Bioinformatics* **16** (4):404-5

McIntosh D.B., Wooley D.G., MacLennan D.H., Vilsen B. and Andersen J.P. (1999) *J. Biol. Chem.* **274**, 25227-25236

McLennanD.,Bradndl C.,Korczak B. and Green N. (1985) *Acta Physiol Scand* **146**: 49-58

de Meis L (1981) *Wiley* New York.

Melle-Milovanovic D., Lambrecht N. Sachs G. and Moo Shin J. *Acta. Physiol. Scand.* **163**, 147-162

Mense M., Dunbar L., Blostein R. and Caplan M. (2000) *biochemistry* **275** (3): 1749–1756, 2

Michell P. (1961) *Nature* **191**, 144-148

Møller J.V., birte J. and le Maire M. (1996) *Bioch. Biophys. Acta* **1286**,1-51.

Morris A L, MacArthur M W, Hutchinson E G & Thornton J M (1992) *Proteins*, **12**, 345-364.

Moutin, M. J., Rapin, C., Miras, R., Vincon, M., Dupont, Y. and McIntosh, D. B. (1998) *Eur. J. Biochem.* **251** : 682-690

Müller P., Köpke S. and Sheldrick G.M. (2003) *Intern. Union Cryst.* **59:32-37**

Munson K., Gutierez C., balaji V., Ramnarayn K. and Sachs G. (1991) *J. Biol. Chem.* **266**, 18976-78988

Munson K, Lambrecht N, Shin JM, Sachs G. (2000) *J Exp Biol.* **203** (1):161-70.

Munson K.B.,Lambrecht N. and Sachs G. (2000) *Biochemstry* **39**, 2997-3004

Nakashime H. and Nishakawaz K. (1992) *FEBS Lett.* **303**:141-146

Nardi-Dei V, Kurihara T, Park C, Miyagi M, Tsunasawa S, Soda K, Esaki N. (1999) *J Biol Chem.* **274**(30):20977-81.

Nayal M. and di Cera E. (1994) *Proc. Natl. Acad. Sci. USA* **91**: 817-821

Nayal M. and di Cera E. (1996) *J. Mol. Biol.* **256**: 228-234

Nishikawa K & Ooi T (1986) *J. Biochem.* **100**, 1043-1047.

Oliviera E. Miranda A., abericio F., andreu D., Paiva A.C.M, Nakaie C.R and Tominaga M. (1997) *J. Peptide. Res.* **49** 300-307

Okamoto C., Karpilow J., Smolka A. and Forte J. (1990) *Biochim. Biophys. Acta.* **1037**, 360-372

Padmanabha K.P., Petrov V.,Ambesi A., Rao A. & Slayman C.W. (1994) *Symp. Soc. Exp. Boil.* **48.**

Pauling L. and Corey RB. (1951) *Proc. Natl. Acad. Sci.* **37**, 241-250

Parker, J.M.R., Guo, D. and Hodges, R.S. (1986) *Biochemistry* **25**, 5425-5432

Pedersen P. and Carafoli E. (1987) *TIBS* **12**, 146-150

Perdersen P. and Amzel L. (1992) *J. Bioenerg. Biomembr.* **24**, 427-428

Références

Petrukhin K., Lutsenko S., Chernov I. , Ross B., Kaplan J. and Gilliam T. (1994) Hum. Mol. Genet. 3, 1647-1656.
Peitsch MC and Jongeneel V (1993) *Int. Immunol.* **5**:233-238.
Peitsch MC (1995) *PDB Quarterly Newsletter* **72**:4.
Peitsch MC (1995) Protein modelling by E-Mail. *Bio/Technology* **13**:658-660.
Peitsch MC (1996). *Biochem. Soc. Trans.* **24**:274-279.
Peitsch MC and Herzyk P (1996) *IBC Biomedical Library Series.* **6**: 6.29-6.37
Peitsch MC, Herzyk P, Wells TNC and Hubbard RE (1996) **4**:161-164.
Peitsch MC, Wilkins MR, Tonella L, Sanchez J-C, Appel RD and Hochstrasser DF (1997) *Electrophoresis.* **18**:498-501.
Peitsch MC (1997) *AAAI Press* **5**: 234-236,
Peitsch MC and Guex N (1997) *Eds Springer :* 177-186
Peitsch MC, Schwede T and Guex N (2000) **1**:257-266.
Pikula, S., Mullner, N., Dux, L. & Martonosi, A. (1988) *J. Biol. Chem.* **263**: 5277–5286
Pick,U. (1981).*Eur. J. Biochem.* **121**, 187-195
Polvani, C., and Blostein, R. (1988) *J. Biol. Chem.* **263**, 16757–16763
Polvani, C., Sachs, G., and Blostein, R. (1989) *J. Biol. Chem.* **264**, 17854–17859
Post R.L., Hegyvary C. and Kume S. (1972) *J. Biol. Chem.* **247**:6530-6540
Presta LG. And Rose GD. (1988) *Science* **240**, *1632-1641*
Qiu LY, Koenderink JB, Swarts HG, Willems PH, De Pont JJ. (2003) *Ann N Y Acad Sci.* **986**:255-7.
Rabon E., Bassilian S., Sachs G and Karlish S. (1990) *J. Biol. Chem.* **265**, 19594-19599.
Rabon E. and Reben MA (1990) *Annu. Rev. Physiol* **52**, 321-344.
Rabon E.C, Smillie K., Seru V. and rabon R. (1993) *J. Biol. Chem.* **268**, 8012-8018.
Rabon EC, Sachs G, Leach CA, Keeling D. (1992) *Acta Physiol Scand Suppl* **607**:269-73
Rabon EC, McFall TL, Sachs G. *(*1982) *J Biol Chem.* **257**(11):6296-6299
Rabon E, Sachs G, Bassilian S, Leach C, Keeling D. (1991) *J Biol Chem.* **266**(19):12395-401
Raggers R.J., Pomorski T.,Holthuis J.C., Kalin N. and van Meer G. (2000) *Traffic* **1**, 226-234
Radresa O, Ogata K, Wodak S, Ruysschaert JM, Goormaghtigh E. (2002) *Eur J Biochem.* **269**(21):5246-58.
Ramachandran GN, Ramakrishnan C, Sasisekharan V. (1963) *J Mol Biol*; **7**:95-99.
Ramachandran GN, Sasisekharan V. (1968) *Adv Prot Chem*; **23**:284-438.
Raussens V.,Ruysschaert J.M and Goormaghtigh E. (1997) *J. Biol. Chem.* **272**,262-270
Reuben M., Lasater L. and Sachs G. (1990) *Proc Natl. Acad. Sci. USA* **87**, 6767-6771

Richardson J. S. and Richardson DC (1988) *Science* **240** 1648-1652

Rigaud J.L., Mosser G., Lacapere J.J, Olofsson A. Levy D. and Ranck J.L (1997) *J. Struct. Biol.* **118** :226-235

Rigaud J-L, Pitard B. and Levy D. (1995) Biochim. Biophys. Acta **1231**:223-246

Rigaud J-L, Mosser G., Lacapere J-J, Olofsson A., Levy D. and Ranck J-L (1997) *J. Struct. Biol.* **118**:226-235

Robinson J.D. and Pratap P.R. (1993) *Biochim. Biophys. Acta* **1154**,83-104

Roseman M.A(1988) *J. Mol. Biol.* **200**, 513-522

Rost B. and Sander C. (1995) *Prot.: Struct. Funct. Genet.* **23**,295-300.

Rost B, Schneider R, Sander C. : (1997) *J Mol Biol.* **270**(3):471-80

Rost B, Fariselli P, Casadio R. (1996)*Protein Sci.* **8** :1704-18

Rost B, Sander C (1995) *Proteins* **3**:295-300.

Rost B, Casadio R, Fariselli P, Sander C. (1995) *Protein Sci.* **3**:521-33.

Rulli SJ, Louneva NM, Skripnikova EV, Rabon EC. (2001) *Arch Biochem Biophys* **387**(1) :27-34.

Rulli SJ, Louneva NM, Skripnikova EV, Rabon EC. Claus Kerkhoff[1,*], Bärbel Trümbach[2], Lars Gehring[1], Kai Habben[1], Gerd Schmitz[2] and Volkhard Kaever[1] (2000) *Eur. J. Biochem.* **267** : 6339-6345

Rulli SJ, Louneva NM, Skripnikova EV, Rabon EC. (2001) *Arch Biochem Biophys.* **387**(1):27-34.

Sachs G., Shin J.M, Besancon M., Munson K. and Hersey S. (1992) *Ann. NY Acad. Sci.* **671**,204-216

Sachs G., Besancon M, Shin J.M,. Mercier F., Munson K. and Hersey S. (1992) *J. Bioenerg. Biomembr.* **24**, 301-308

Sagara, Y. & Inesi, G. (1991).*J. Biol. Chem.* **266**: 13503–13506

Schirmer T. and Cowan S.W. (1993) *Protein Sci.* **2**, 1361-1363

Scarborough GA.(1982) *Ann. N.Y. Acad. Sci.* **402**,99-115

Scarborough GA (2000) *J Exp Biol* **203**:147-54

Scarborough GA. (2003) *J Bioenerg Biomembr.* **35**(3):193-201

Schägger H. and von Jagow G (1987) *Biochemistry* **166**: 368-379

Schrijen JJ, Luyben WA, De Pont JJ, Bonting SL. (1980) *Biochim Biophys Acta* **597(2)**,331-344

Schwede T., Diemand A, Guex N, and Peitsch MC (2000) *Res. Microbiol.* **151**:107-112.

Shainskaya A. and Karlish S.J (1994) *J. Biol. Chem.* **269**,10780-10789

Références

Shainskaya A., and Karlish S.J.D (1996) *J. Biol. Chem.* **271**, 10309-10316

Shainskaya A., Schneeberger A., Apell H-J and Karlish S. J-D (2000) *J. Biol. Chem* **275**, 2019-2028.

Shin, J. M., Besancon, M., Simon, A. and Sachs, G. (1993) *Biochim. Biophys. Acta* **1148**: 223-233

Shull G. and Lingrel J. (1986) *J. Biol. Chem.* **261**,16788-16791

Smolka A, Alverson L, Fritz R, Swiger K, Swiger R. (1991) *Biochem Biophys Res Commun.* **180**(3):1356-64.

Smolka AJ, Larsen KA, Schweinfest CW, Hammond CE. (1999) *Biochem J.* **340** (3):601-11.

Sobolev V., Sorokine A., Prilusky J., Abola E.E. and Edelman M. (1999) *Bioinformatics* 15: 327-332

Soulie S, de Foresta B, Moller JV, Bloomberg GB, Groves JD, le Maire M. (1998) *Eur J Biochem.* **257**(1):216-27.

Soulie S., Neumann J-M., Berthomieu C., Møller J.V., le Maire M. and Forge V. (1999) *Biochem* **38**,5813-5821

Soumarmon A, Robert JC, Lewin MJ. (1986) *Biochim Biophys Acta* **860**(1):109-17

Soumarmon A, Grela F. and Lewin M (1983) *Bioch Biophys Acta* **732** : 579-585

Starling A.P., Khan Y.M., East J.M. and Lee A.G (1994) *Biochem. J.* **304** : 569-575.

Starling A.P., East J.M. and Lee A.G (1993) *Biochemistry* **32**: 1593-1600.

Stirk H.J, Thornton J.M. and Howard C.R (1992) *Inervirology* **33**:148-158

Stokes, D.L and Green N.M. (2000) *Biophys. J* **78**, 1765-1776.

Swarts, H. G. P., Klaassen, C. H. W., De Boer, M., Fransen, J. A. M., and De Pont, J. J. H. H. M. (1996) *J. Biol. Chem.* **271**, 29764-29772

Swarts HG, Willems PH, Koenderink JB, De Pont JJ. (2003) *J Biol Chem.* **278**(21):19237-19244.

Swarts H.G., Van Uem T., Hoving S., Fransen J. and de Pont J (1995) *Biochim. Biophys. Acta* **1070**, 283-292

Swarts H.G., Klaasen C.H., Schuurmans S.F. and De-Pont J.J. (1995) *J. Biol. Chem.* **270**, 7890-7895

Swarts HG, Willems PH, Koenderink JB, De Pont JJ. (2003) *Ann N Y Acad Sci.* **986**:308-9.

Sweadner KJ, Donnet C. (2001) *Biochem J.* **356**(3):685-704.

Tai M.M., Im W.B., Dabis J.P., Blakerman D.P., Zurcher-Neely H.A. and Heinrykson R.L (1989) *J. Biol. Chem.* **272**, 1608-1614

Tai, M. M., Im, W. B., Davis, J. P., Blakeman, D. P., Zurcher-Neely, H. A. and Heinrikson, R. L. (1989) *Biochemistry* **28**: 3183-3187

Toh B., Gleeson P., Simspon R., Moritz R., Callaghan J., Goldkorn I., Jones C/, Martinelli T., Mu F., Humphris D., Pettitt J., Mori Y. Masuda T. Sobieszczuk P., Weinstock J., Mantamadiotis T. and baldwin G. (1990) *Proc. Natl. Acad. Sci. USA* **87**, 6418-6422

Ogawa H, Toyoshima C. (2002) *Proc Natl Acad Sci U S A.* **99**(25):15977-82

Thompson J.D, Higgins D.G and Gibson T. (1994) *Nucleic Acids Research* **22** 4673-4680

Toyoshima C., Nakasako M., Nomura H. and Ogawa H. (2000) *Nature* **405**: 647-657

Toyoshima C and Nomura H.(2002) *Nature* **418** : 605-611

Tusnády G.E and Simon I. (1998) *J. Mol. Biol.* **283**, 489-506

Tusnády G.E and. Simon I (2001) *Bioinformatics* **17**, 849-850

Tran, C. M., Huston, E. E. and Farley, R. A. (1994*) J. Biol. Chem.* **269**: 6558-6565

Tran, C. M. and Farley, R. A. (1999) *Biophys. J.* **77**: 258±266

Tyagarajan K., Chow D., Smolka A. and Forte J. (1995) *Biochim. Biophys. Acta.* **1236** : 105-113

Vagin O, Munson K, Lambrecht N, Karlish SJ, Sachs G. (2001) *Biochemistry* **40**(25):7480-90.

Vagin O, Denevich S, Munson K, Sachs G. (2002) *Biochemistry*. **41**(42):12755-62

Vagin O, Denevich S, Sachs G. (2003) *Am J Physiol Cell Physiol.* **285**(4):C968-76

Vagin O, Denevich S, Munson K, Sachs G. (2003) *Ann N Y Acad Sci*. **986**: 308-309.

Van Uem, T. J. F., Swarts, H. G. P. and De Pont, J. J. H. H.M. (1991) *Biochemistry* **280**, 243-248.

van Gunsteren, W. F., Billeter, S. R., Eising, A. A., Hünenberger, P. H., Krüger, P. K. H. C., Mark, A. E., Scott, W. R. P. and Tironi, I. G. (1996) *Biomolecular Simulation*: The GROMOS96 Manual and User Guide vdf Hochschulverlag AG, Zürich.

Von heijne G. and Gavel Y. (1988) *Eur J. biochem* **174**:671-678

Urushidani T. and Forte J. (1987) *Am. J. Physiol.* **252**, 458-465

Watts JA, Watts A, Middleton DA. (2001) *J Biol Chem.* **276**(46):43197-204

Wei L and Altman R.B. (2003) *J. Bioinfo. Comp. Biol.* **1** :119-138

Wimley W.C. and White S.H. (1996) *Nat. Struct. Biol.* **3** : 842-848

Wolosin J. and Forte J. (1981) *J. Biol. Chem.* **256**, 3149-3152

Yan Qiu L.,. Koenderink J.B, Swarts H., Willems P. and. De Pont J.J. (2002) Biochemistry. **41**(42): 12755-62.

Yamamoto, H., Imamura, Y., Tagaya, M., Fukui, T. & Kawakita, M. (1989) *J. Biochem.* (Tokyo) **106**, 1121-1125.

Yau W.M, Wimley W.C, Gawrisch S.h and white S.H (1998) biochemistry **37**: 14713-14718

Xiaoquin Huang and Webb Miller (1991) *Applied Mathematics*, **12**:337-357.

Xu C.,Rise W.J.,He W. and Stokes D.L. (2002) *J. Mol. Biol.* **316**:201-211

Zhang, E. & Tulinsky, A. (1997) *Biophys. Chem.* **63**, 185-200

Zhang Z, Devarajan P, Dorfman AL, Morrow JS. (1998) *J Biol Chem.* **273**(30):18681-4.

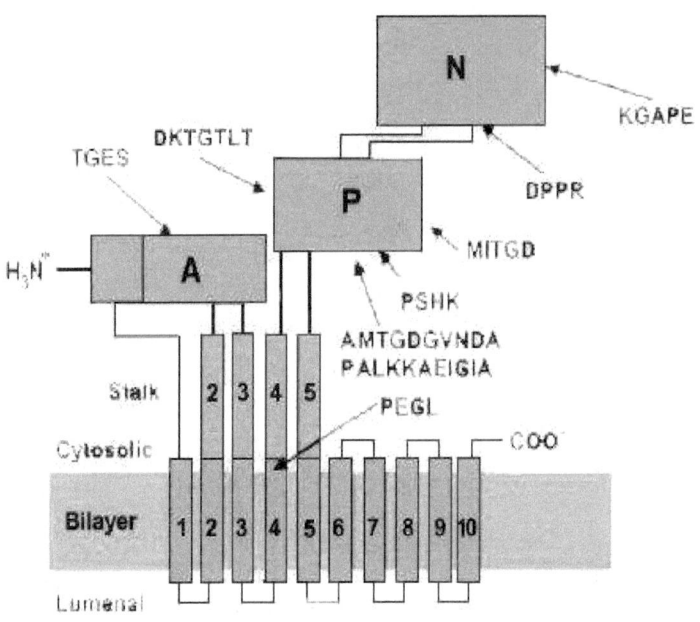

Figure I.1: Représentation schématique des zones à forte similarité, représentatives du groupe des P-ATPases, dans le cas de la Ca^{++}-ATPase.(**Axelsen et al.,1998**)

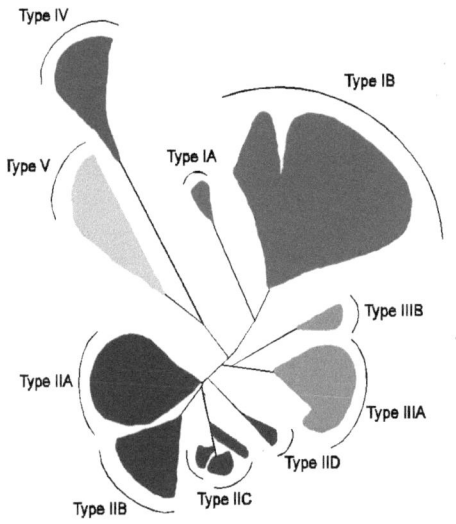

Figure I.2: Arbre phylogénétique représentant le groupe des P-ATPases (**Axelsen et al.,1998**). Sont colorées les principales familles présentes dans ce groupe.

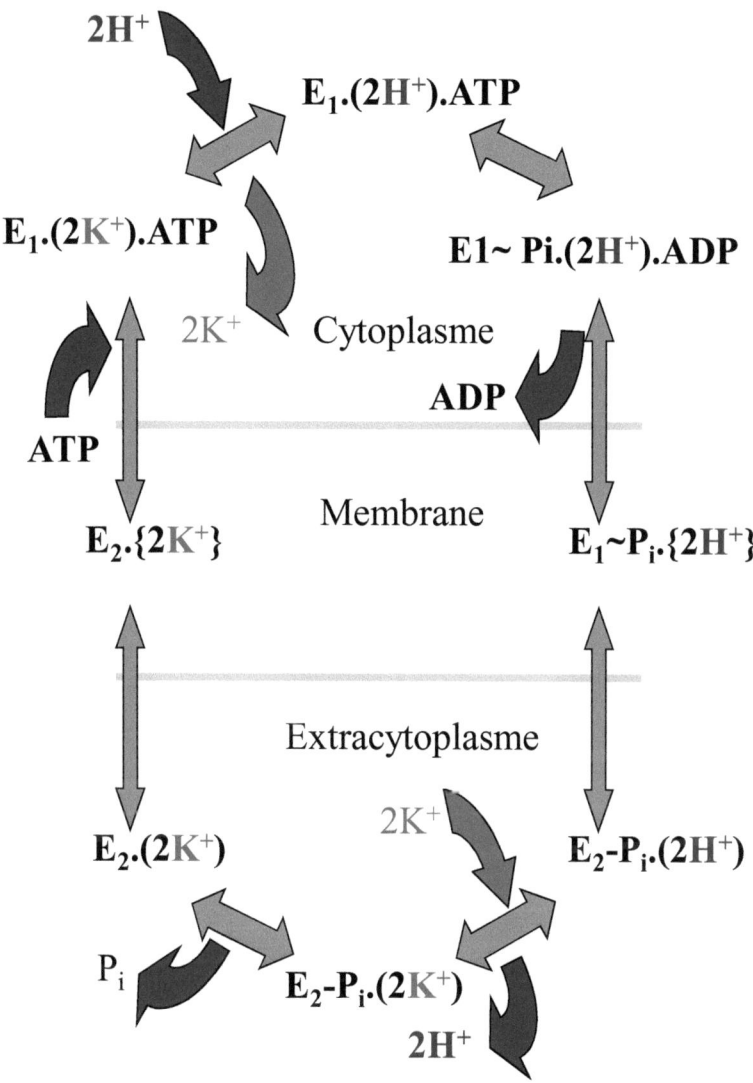

Figure I.3:Représentation schématique du cycle catalytique de la H^+,K^+-ATPase selon **Rabon et al.,1990**

Figures

Espèces	Taux d'homologie
Humain/Rat	97%(1013)
Porc/Humain	97%(1013)
Porc/Rat	97%(1007)
Lapin/Rat	98%(1017)
Porc/Lapin	98%(1017)
Lapin/Humain	98%(1023)

Figure I.4: Pourcentage de similitudes séquentielles présent entre les H+,K+-ATPases de différentes éspèces de mammifères. Le taux d'homologie a été calculé à l'aide de l'algorithme ClustalW. Entre parenthèses est indiqué le nombre d'acides aminés impliqués dans cet alignement.

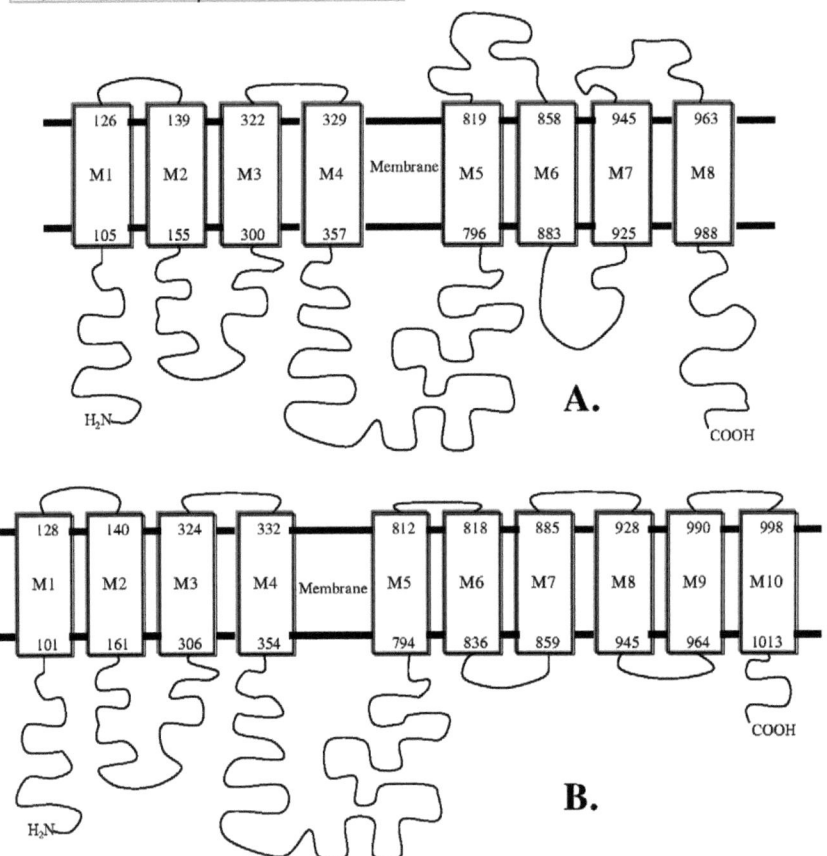

Figure I.5: Modèle linéaire représentant la sous-unité alpha de la H+,K+-ATPase selon **A**: Shull et al.,1986; **B**:Melle-Milanovic et al.,1998

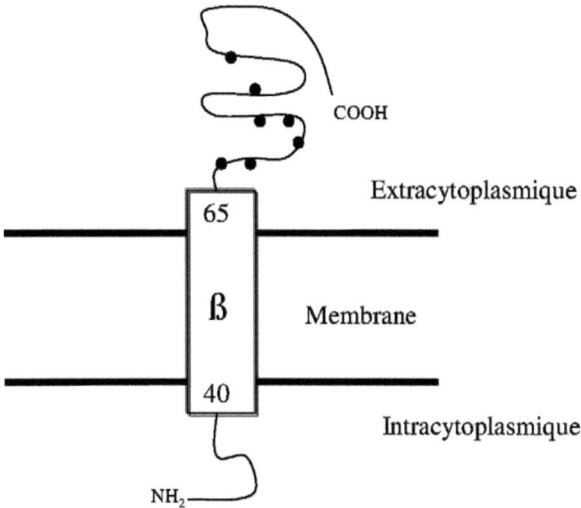

Figure I.6: Modèle linéaire de la sous-unité Bêta de la H⁺,K⁺-ATPase de rat selon **Shull et al.,1990**. Les sites de glycosylations possibles sont représentés sous la forme de cercles pleins.

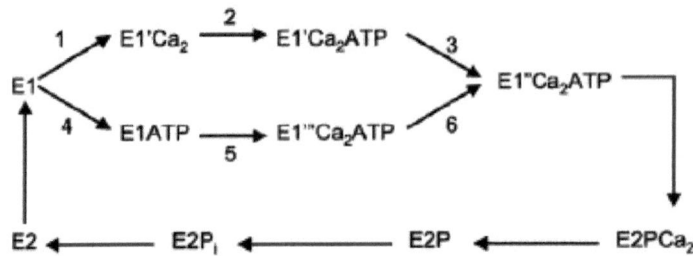

Figure I.7 : Cycle catalytique détaillé de la Ca^{++}-ATPase. Modèle E$_1$-E$_2$ basé sur le schéma Post-Albers issu des études éffectuées sur la Na$^+$,K$^+$-ATPase (de Meis 1981).

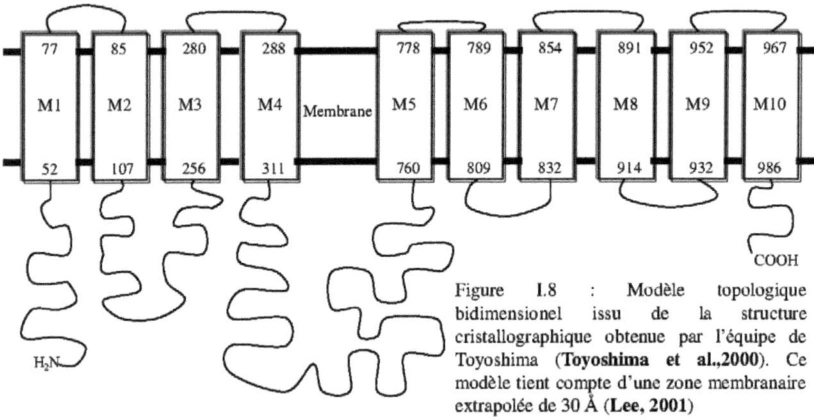

Figure I.8 : Modèle topologique bidimensionel issu de la structure cristallographique obtenue par l'équipe de Toyoshima (**Toyoshima et al.,2000**). Ce modèle tient compte d'une zone membranaire extrapolée de 30 Å (**Lee, 2001**)

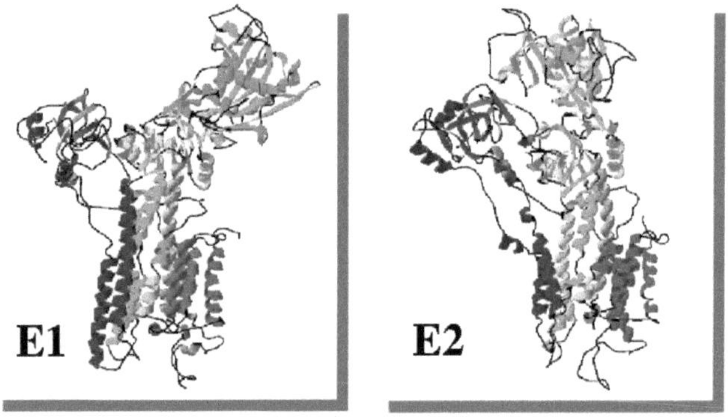

Figure I.9 : Images cristallographiques de la Ca^{++}-ATPase, sous ces deux conformations principales (E$_1$ et E$_2$, obtenues par l'équipe de Toyoshima. E1 (1EUL) (**Toyoshima et al.,2000**), E2 (1IWO) (**Toyoshima et al.,2002**).

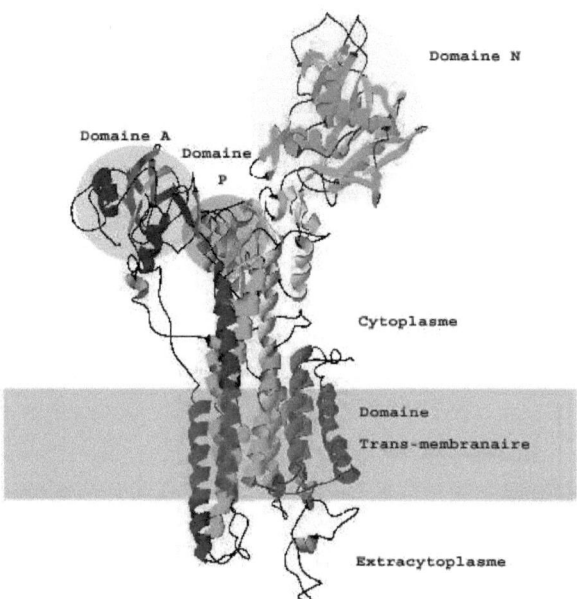

Figure I.10 : Détermination des 4 prinicpales zones de la Ca^{++}-ATPase. Image cristallographique de la Ca^{++}-ATPase sous sa conformation E_1 (**Toyoshima et al. 2000**).
1. Le **domaine A** pour Activation (Rose).
2. Le **domaine P** (Mauve) pour phosphorylation, ce domaine contient le site de phosphorylation représenté par l'Asp^{351}.
3. Le **domaine N** (Jaune), pour Nucleotide, ce domaine contient le site de fixation de l'ATP.
4. Le **domaine trans-membranaire** propre (Bleu), défini selon **Lee et al., 2001**.

Figures

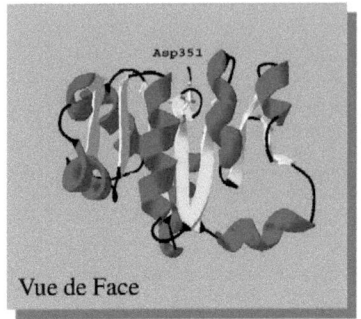
Vue de Face

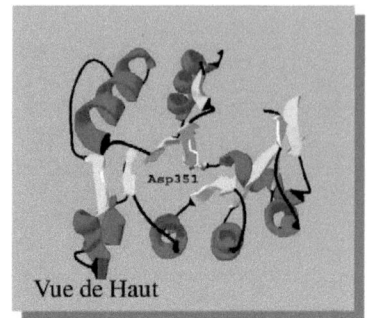
Vue de Haut

Figure I.11 : Domaine P issu de l'image cristallographique de la Ca^{++}-ATPase sous sa conformation E_1 (**1EUL**) (**Toyoshima et al.,2000**). Représentation sous forme de ruban pour les éléments de structures secondaires (rouge hélices, jaune feuillets). Le site de phosphorylation (Asp^{351}) est rerésenté sous forme de batonnet selon les couleurs C.P.K (en rouge Oxygène, en blanc Carbone backbone, en bleu Azote). La figure de gauche représente ce domaine vu de face. La seconde représente ce même domaine vu du haut. Ceci permet de mettre en évidence la position centrale de l'Asp^{351} au sein du reploiement de ce domaine.

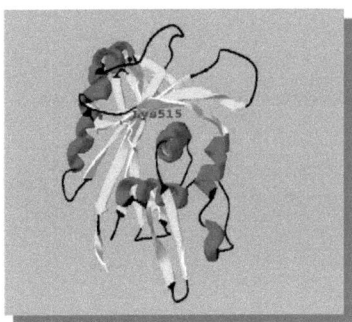

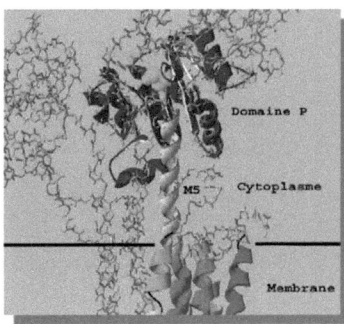

Figure I.12: Domaine N issu de l'image cristallographique de la Ca^{++}-Atpase sous sa conformation E_1 (**Toyoshima et al.,2000**). Les élèments de structures secondaires son représentés sous forme de ruban (en rouge hélices, en jaune feuillets). La Lys^{515}, site de fixation du F.I.T.C, est représentée sous forme de bâtonnet selon les codes de couleurs C.P.K.

Figure I.13 : représentation de l'insertion de M5 dans le domaine P de la Ca^{++}-ATPase (1EUL) (**Toyoshima et al.,2000**). En représentation rubban bleu le domaine P, en orange le segment trans-membranaire M5. En représentation sphérique bleu claire la surface atomique de l'Asp^{351} (site de phosphorylation).

Figures

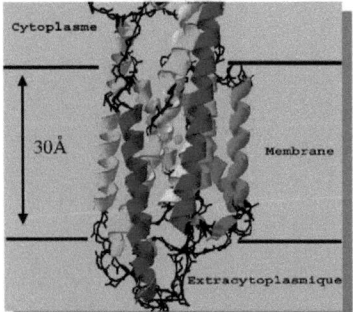

Figure I.14 : Représentation des deux ions de Ca^{++} fixés dans la zone membranaire de la Ca^{++}-ATPase sous sa conformation E$_1$ (1EUL) (**Toyoshima et al.,2000**). Les deux ions Ca^{++} sont représentés sous forme de sphères vertes.

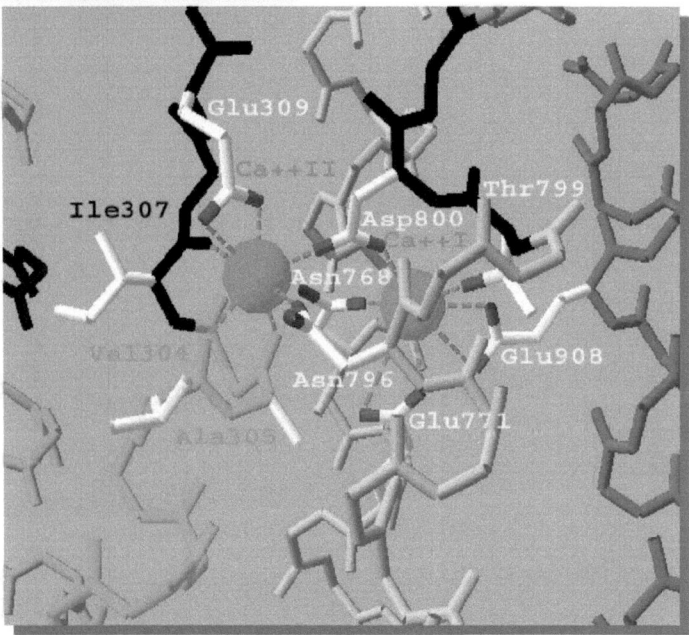

Figure I.15: Représentation des acides aminés de la Ca^{++}-ATPAase, coordinant les deux ions Ca^{++} dans le cas de la conformation E$_1$. Image crystallographique de la Ca^{++}-ATPase (1EUL) obtenue par **Toyoshima et al.,2000**. Les acides aminés coordinant à partir de leur chaîne principale sont étiquettés selon la couleur du segment trans-membranaire dont ils sont issus (Bleu M4). Les acides aminés coordinant via leur chaîne latérale (en jaune M5 et M6, en rouge M8) sont étiquettés en blanc sur base de la coloration C.P.K appliqué aux chaînes latérales. En noir sont représentés les structures secondaires de type « random » présents sur M4 (**IPEGL**) et M6.

Figures

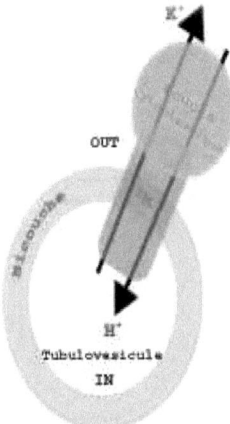

Figure III.1: **Modèle d'insertion membranaire** en mode « **right side out** » de la sous-unité alpha de la **H$^+$,K$^+$-ATPase** au sein des **tubulovesicules**. En rose est représentée la zone trans-membranaire (**TM**), en vert la large boucle cytoplasmique contenant les différents domaines catalytiques (**domaine N et P**).

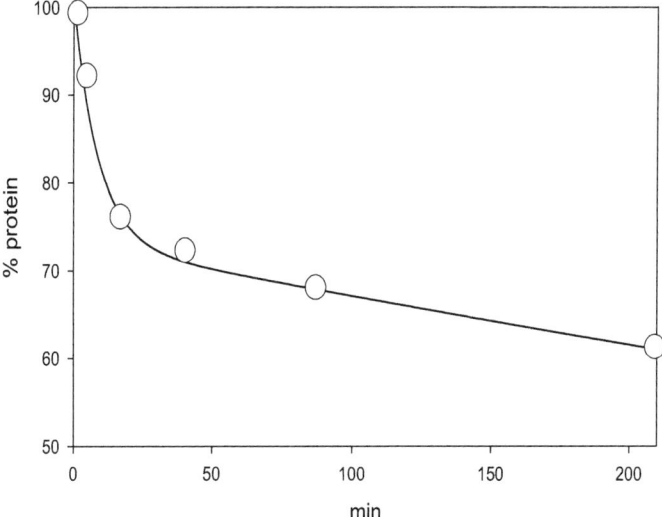

Figure III.2: **Pourcentage de protéine**, mesuré par spectroscopie infrarouge, associé aux vésicules en **fonction du temps d'incubation** en présence de **trypsine**. Condition de protéolyse de l'échantillon d'**H$^+$,K$^+$-ATPase** en conformation **E$_1$** (voir matériels et méthodes).

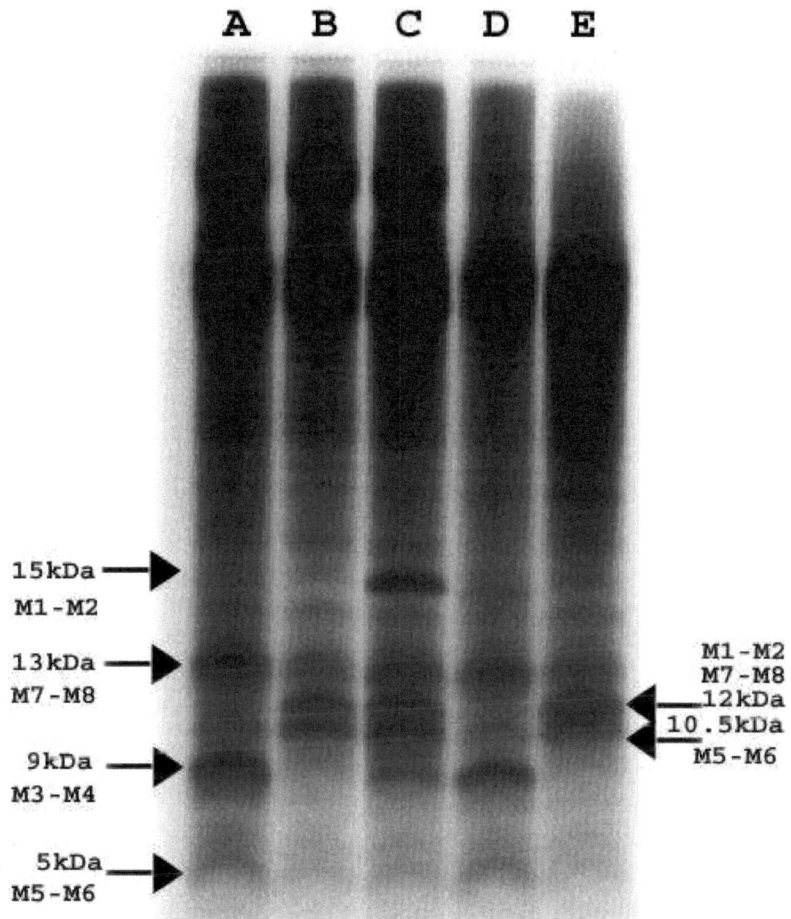

Figure III.3: Gel Tris-Tricine développé sous lampe U.V des tubulovésicules, contenant la H^+,K^+-ATPase, digérées sous différentes conditions. Rapport trypsine/protéine de 1:4 (w/w); incubation de 45 minutes à 37°C. (A) Pas de ligand ajouté (E_1); (B) 50mM KCl (E_2-K^+); (C) 0.5 mM orthovanadate de Na^+ (E_2-VO_4^{3-}); (D) 2mM ATP (E_1-ATP); (E) 50 mM KCl + 0.5 mM orthovanadate de Na^+(E_2-K^+-VO_4^{3-}).

Figures

Masse apparente	No ligand	50mM KCl	0,5 mM VO4
15 kDa			EMEINDHQLSVAE
13 kDa	LVNEPLAAYSYFQ	LVNEPLAAYSYFQ	LVNEPLAAYSYFQ
		GTPEYVKFARQL	DYPPGYAFDVE
12 kDa		NAADMILLDDN	NAADMILLDDN
		IASLASGVENEK	DYPPGYAFDVE
		GTPEYVKFARQL	GTPEYVKFARQL
10,5 kDa		NAADMILLDDN	
9 kDa	TPIAIEIEHVFDI		TPIAIEIEHFVDI
			NAADMILLDDN
5 kDa	NIPELTPYLIYITV		IVGGYT
	IVGGYT		

Tableau III.4: **Tableau** regroupant la **séquence partielle N-terminale** des peptides isolés lors de nos différentes digestions. Les séquences ont été obtenues par séquençage selon la méthode de dégradation d'Edmann. Le séquençage a été réalisé avec l'aide du Dr. **Wattiez Ruddy** de l'Université Mons-Hainaut.

Figures

Profil d'hydropathie de la Ca++-ATPase pour différents type d'index

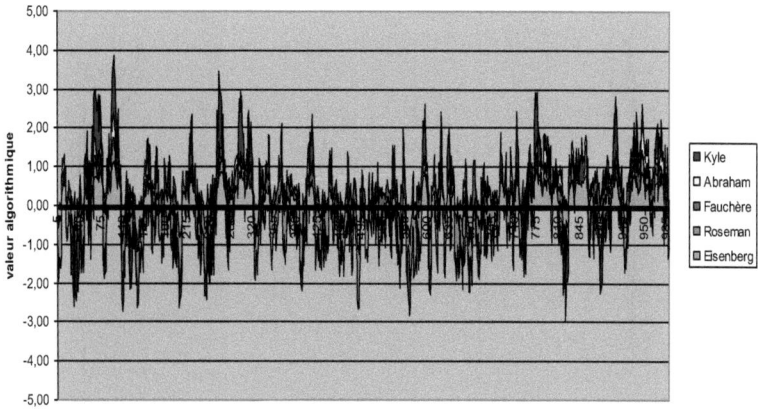

Legend: Kyte, Abraham, Fauchère, Roseman, Eisenberg

Résidu n°						
Kyte/Doolittle	Abraham	Fauchère	Roseman	Eisenberg	moyenne	Segment TM
59-76	47-80	46-80	62-76	58-76	58-77	52-77
83-105	82-106	82-104	85-105	83-105	83-105	85-107
261-275	261-288	255-281	261-277	262-278	260-278	256-280
291-320	288-320	281-319	291-319	290-320	289-320	288-311
767-N/A	762-N/A	758-N/A	770-796	762-N/A	766-N/A	760-778
N/A-807	N/A-818	N/A-818	N/A-N/A	N/A-817	N/A-814	789-809
827-855	826-879	826-861	826-859	826-857	826-857	832-854
895-912	879-914	879-912	N/A-N/A	884-914	893-909	891-914
927-963	924-960	921-N/A	924-956	924-956	923-960	932-952
966-986	960-990	N/A-990	963-980	959-983	963-982	967-986

Figure III.5 : **Graphique, ainsi que tableau associé, représentant les profils d'hydrophobicités et les acides aminés délimitant les pics d'hydrophobicités** (associés aux segments trans-membranaires selon Lee et al. (Lee et al.,2002) pour la Ca++-ATPase.
La colonne « Segments TM »: position des segments trans-membranaires selon Lee et al. 2002.
La colonne « moyenne » : position des acides aminés délimitant les pics d'hydropbocités moyen.
La valeur N/A est placée pour la valeur « non attribuée ».
En rouge apparaissent les meilleurs recouvrement obtenus.

A.

Lin/5aa	Lin/7aa	Lin/9aa	Lin/11aa	Lin/moyenne	Segments TM
57-75	56-78	59-78	51-78	56-75	52-77
83-104	85-106	84-105	85-105	84-104	85-107
260-278	260-277	260-278	259-277	259-277	256-280
290-307	280-322	288-322	292-321	288-320	288-311
768-780	768-N/A	760-N/A	763-N/A	759-N/A	760-778
782-806	N/A-807	N/A-807	N/A-810	N/A-8019	789-809
825-855	828-857	829-855	859-857	827-855	832-854
896-914	896-914	895-914	897-914	895-914	891-914
927-950	929-961	907-959	925-962	927-N/A	932-952
967-987	963-985	964-987	963-984	N/A-988	967-986

B.

Expo/5aa	Expo/7aa	Expo/9aa	Expo/11aa	Expo/Moyenne	Segments TM
58-75	58-75	57-75	57-75	58-75	52-77
83-104	83-104	83-104	83-104	85-104	85-107
262-274	258-277	261-277	258-277	261-277	256-280
289-322	291-322	291-320	287-319	287-308	288-311
N/A-N/A	758-N/A	761-N/A	N/A-N/A	759-785	760-778
N/A-N/A	N/A-807	N/A-806	N/A-806	787-807	789-809
N/A-N/A	826-859	826-859	826-855	826-855	832-854
N/A-N/A	895-914	895-914	895-914	895-914	891-914
N/A-N/A	928-960	927-960	928-959	930-950	932-952
N/A-N/A	966-985	965-985	963-985	966-986	967-986

Figure III.6: Tableaux représentant la **position des acides aminés** délimitant les **pics d'hydrophobicités**, coïncidant avec la position des segments trans-membranaires de la Ca++-ATPase défini selon Lee et al. (Lee et al.,2002). Ceux-ci sont obtenus sur un profil d'hydrophobicité utilisant un index de type **Kyte et Doolittle** (Kyte et Doolittle, 1982) en fonction de différents **paramètres annexes**.
Le **tableau A**. fenêtre de lissage de **type linéaire** (LIN) / nombre d'acides aminés (Xaa)
Le **tableau B**. fenêtre de lissage de **type exponentielle** (Expo) / nombre d'acides aminés (Xaa)
Les colonnes « **Lin/Moyenne** » ainsi que « **Expo/Moyenne** » représentent les valeurs des terminaisons obtenues sur des **profils d'hydrophobicités** issus des **valeurs moyennes**.

105

Figures

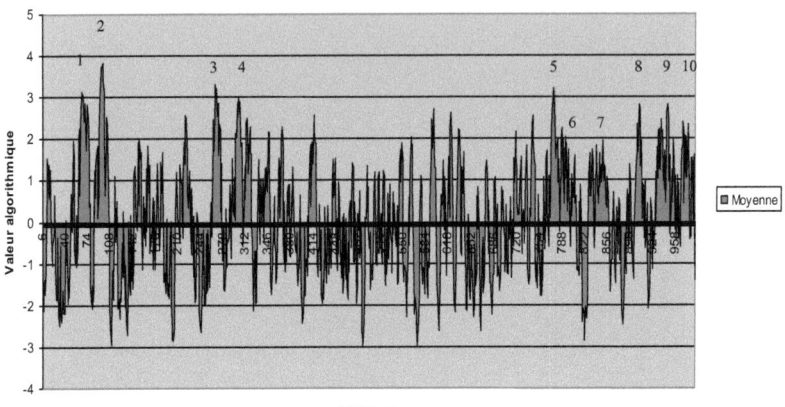

Figure III.7: **Profil d'hydrophobicité optimisé** obtenu sur la séquence de la Ca^{++}-ATPase à l'aide d'un index de type **Kyte et Doolittle**, une fenêtre **exponentielle moyennée** sur une largeur variant de **5 à 11** acides aminés, et possédant une **pondération limite** de **20%**. Les pics d'hydrophobicités représentant les potentiels segments trans-membranaires sont indiqués par les chiffres **1 à 10** et sont définis selon ceux proposés dans la littérature (Lee et al.;2002).

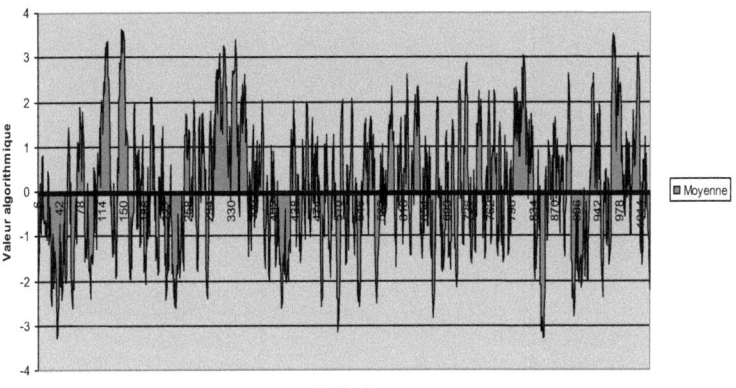

Figure III.8: **Profil d'hydrophobicité optimisé** obtenu sur la séquence de la **H^+,K^+-ATPase (ATHA_PIG)** selon les paramètres de calcul définis lors de notre étude sur la Ca^{++}-ATPase. Index de type **Kyte et Doolittle**, **fenêtre exponentielle moyennée** sur une largeur allant de 5 à 11 acides aminés, avec une **limite de pondération de 20%**.

Figures

Segment TM	Moyenne hydrophobicité	Moyenne Prédiction TM	Position Moyenne	Segment TM Lee et al.
M1	58-76	59-78	58-77	52-77
M2	83-104	87-107	85-105	85-107
M3	257-278	260-279	257-278	256-280
M4	287-307	293-312	290-310	288-311
M5	759-781	770-789	764-785	780-778
M6	784-807	792-809	788-808	789-809
M7	833-855	835-855	834-855	832-854
M8	894-913	897-916	895-915	891-914
M9	930-952	930-952	930-952	932-952
M10	965-980	N/A	965-980	967-986

Figure III.12: Tableau résumant la position des segments trans-membranaires de la Ca^{++}-ATPase. La colonne« **Moyenne hydro** »: position des pics d'hydrophobicité coincident avec la position des segments TM définie selon Lee et al.2002. La colonne « **Moyenne Prédiction** » : segments transmembranaires obtenues par prédictions. La colonne « **Position Moyenne** » : position moyenne des segments trans-membranaires sur base des deux premières colonnes. La colonne « **Segment TM** »: position des segments transmembranaires selon Lee et al.

Segments TM	Moyenne Hydrophobicité	Moyenne Prédiction TM	Position Moyenne
M1	104-126	108-127	106-125
M2	138-154	140-158	138-157
M3	292-N/A	302-322	297-316
M4	N/A-355	331-356	336-355
M5	790-N/A	798-819	794-813
M6	N/A-831	817-834	817-836
M7	857-894	859-880	858-877
M8	926-943	927-946	926-945
M9	962-984	963-979	962-981
M10	994-1012	996-1014	995-1014

Figure III.13 : tableau résumant la position des différents segments trans-membranaires de la sous-unité alpha de la H^+,K^+-ATPase obtenue par nos différentes approches. Les différentes colonnes sont définies de la même manière que celles présentes sur la figure III.12.

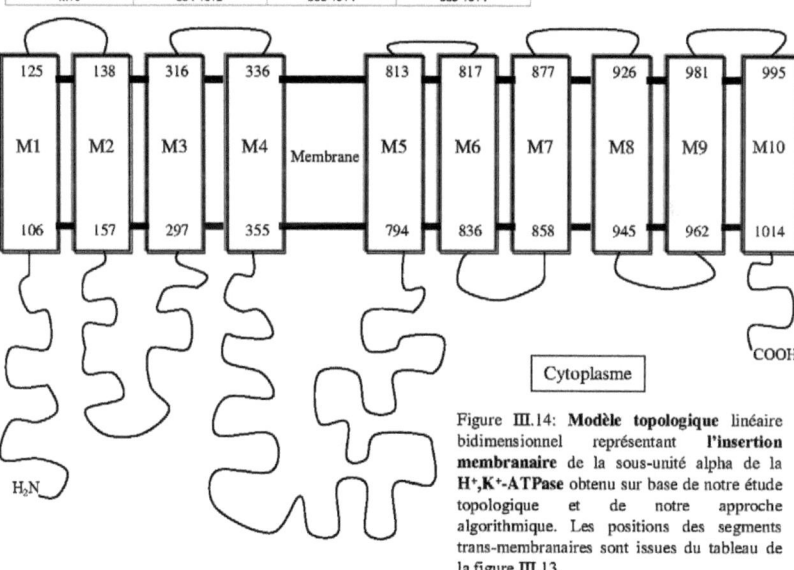

Figure III.14: **Modèle topologique** linéaire bidimensionnel représentant **l'insertion membranaire** de la sous-unité alpha de la **H^+,K^+-ATPase** obtenu sur base de notre étude topologique et de notre approche algorithmique. Les positions des segments trans-membranaires sont issues du tableau de la figure III.13.

Figures

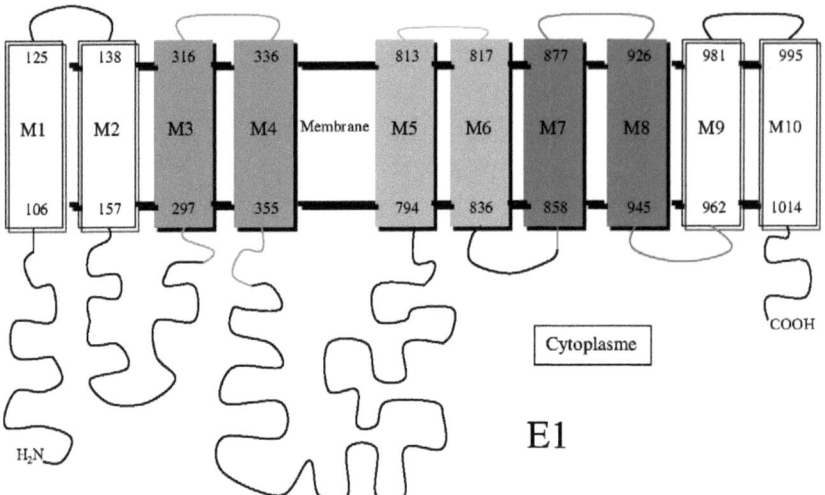

Figure III.15: **Modèle topologique** représentant l'**insertion membranaire** de la sous-unité alpha de la **H⁺,K⁺-ATPase** sur lequel nous avons **replacé les peptides générés par la tryspsinolyse de la conformation E_1**. Sur cette figure sont colorés les peptides isolés avec les membranes et identifiés. Digestion effectuée en **absence de ligand** et avec un rapport protéase / protéine de 1/4 (w/w).

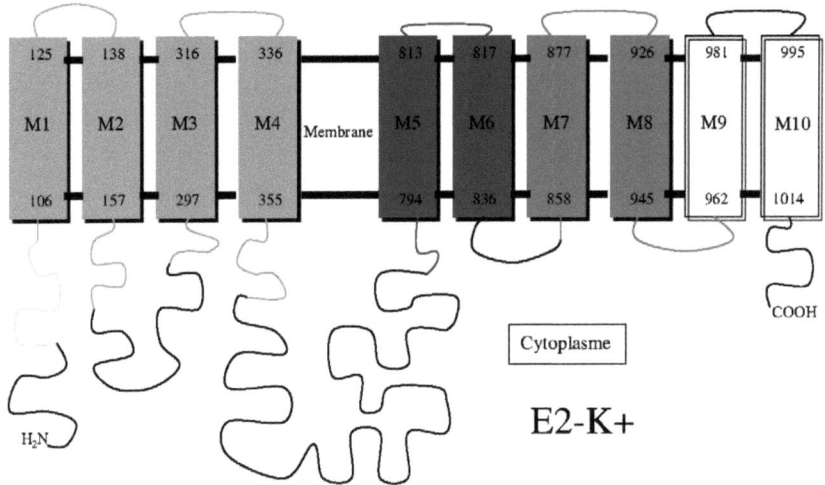

Figure III.16: **Modèle topologique** représentant l'**insertion membranaire** de la sous-unité alpha de la **H⁺,K⁺-ATPase** sur lequel nous avons **replacé les peptides générés par la tryspsinolyse de la conformation E_2-K⁺**. Sur cette figure sont colorés les peptides isolés avec les membranes et identifiés. Digestion éffectuée en **présence de K⁺** et avec un rapport protéase / protéine de ¼ (w/w).

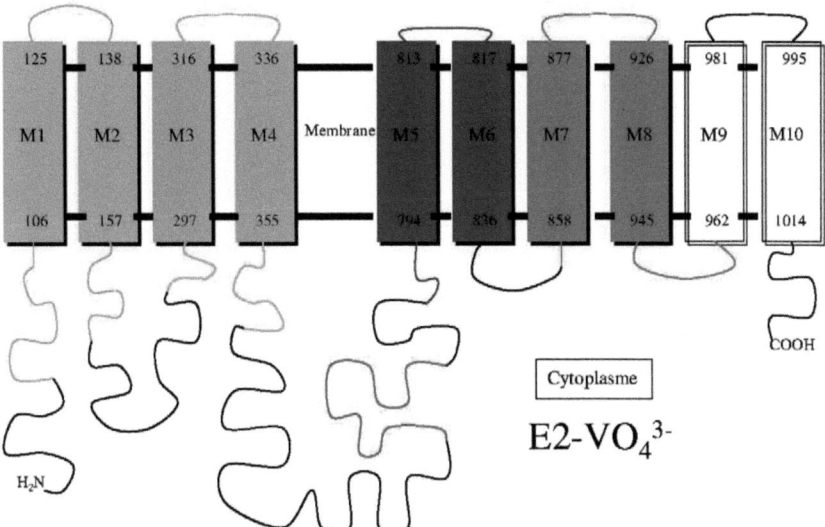

Figure III.17: **Modèle topologique** représentant l'**insertion membranaire** de la sous-unité alpha de la **H⁺,K⁺-ATPase** sur lequel nous avons **replacé les peptides générés par la tryspsinolyse de la conformation** E_2-VO_4^{3-}. Sur cette figure sont colorés les peptides isolés avec les membranes et identifiés. Digestion éffectuée en **présence d'orthovannadate de Na⁺** et avec un rapport protéase / protéine de ¼ (w/w).

Segment TM Présumé	E1	E2-K+	E2-VO4	Segment TM Modèle
M1-M2	N/A	35-214	49-214	106-157
M3-M4	292-387	280-395	292-387	297-355
boucle cyto			574-693	354-793
M5-M6	793-836	754-836	754-836	794-836
M7-M8	854-995	854-995	854-995	858-945
M9-M10	N/A	N/A	N/A	962-1014

Figure III.18: **Tableau** regroupant les **peptides identifiés** lors des **trypsinolyses** effectuées sur la **H⁺,K⁺-ATPase**. Les couleurs font références aux figures III.14, III.15, et III.16. Les chiffres indiquent la position le long de la séquence des acides aminés délimitant les peptides associés à la membrane et identifiés. La valeur N/A indique l'absence de peptides identifiés.

Figures

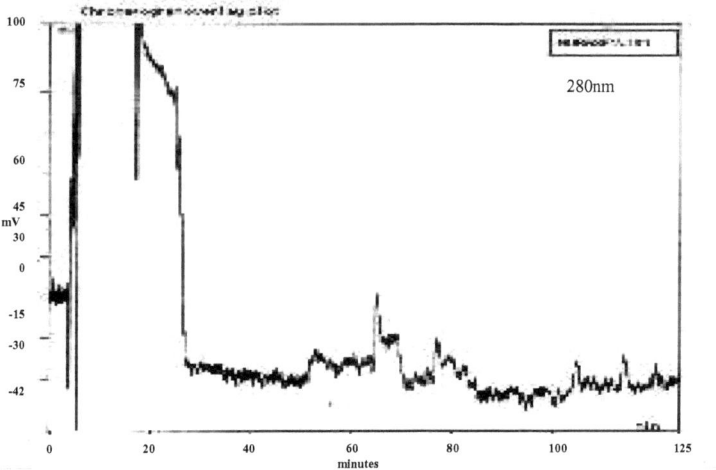

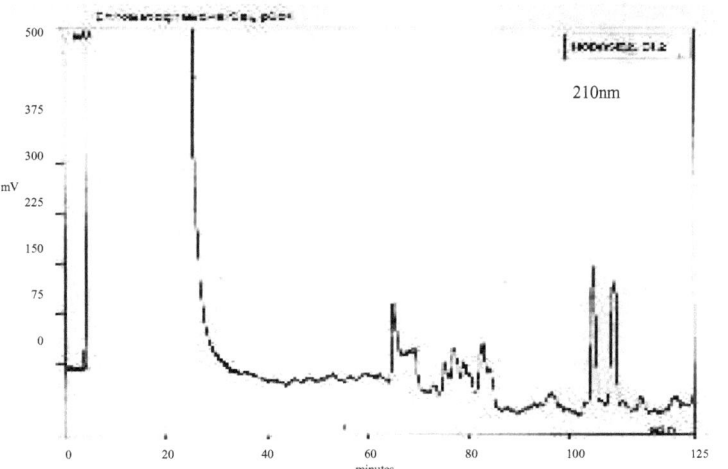

Figure III.19: **Chromatogrammes** représentant l'élution à blanc, c'est-à-dire en absence d'échantillons protéiques, effectué sous les conditions utilisées lors de la procédure de purification des segments trans-membranaires M5-M6 issus des différentes protéolyses. Les chromatogrammes ont été enregistrés à deux longueurs d'ondes différentes, 210 nm et 280 nm et sont représentés séparemment pour plus de clarté. Pour la procédure d'élution se reporter au chapitre matériels et méthodes.

Figures

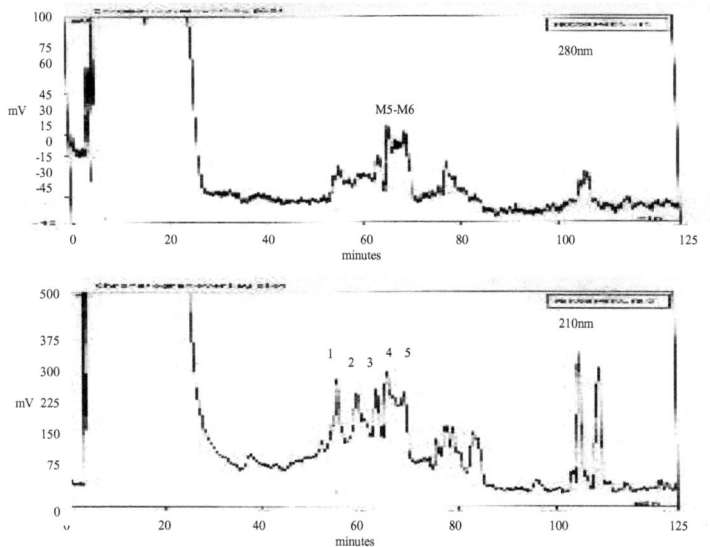

Figure III.20: **Chromatogrammes** représentant l'élution de l'échantillon protéolysé de la conformation E_1. Les **chromatogrammes** ont été enregistrés à deux longueurs d'ondes différentes, **210 nm** et **280 nm** et sont représentés séparemment pour plus de clarté. Pour la procédure d'élution se reporter au chapitre matériels et méthodes.

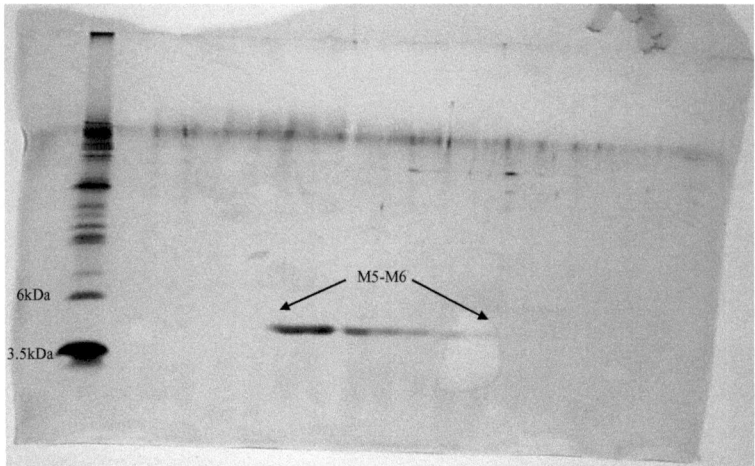

Figure III.21: Gel **Tris-tricine**, coloré à l'**argent**, du pic d'absorption identifié lors de l'élution H.P.L.C de l'échantillon protéolysé de la conformation E_1 de la sous-unité alpha de la H^+,K^+-ATPase. Ce pic est le seul identifié contenant effectivement des résidus protéiques.

111

Figures

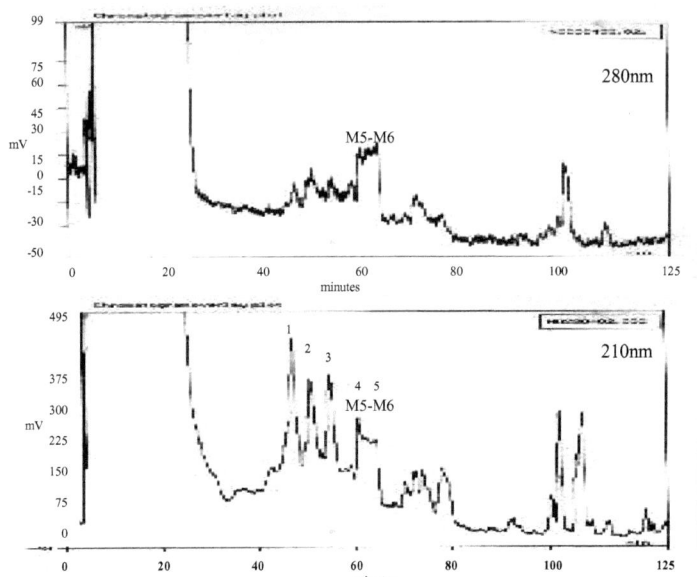

Figure III.22: **Chromatogrammes** représentant l'élution de l'échantillon protéolysé de la conformation E_2. Les **chromatogrammes** ont été enregistrés à deux longeurs d'ondes différentes, **210 nm** et **280 nm** et sont représentés séparemment pour plus de clarté. Pour la procédure d'élution se reporter au chapitre matériels et méthodes.

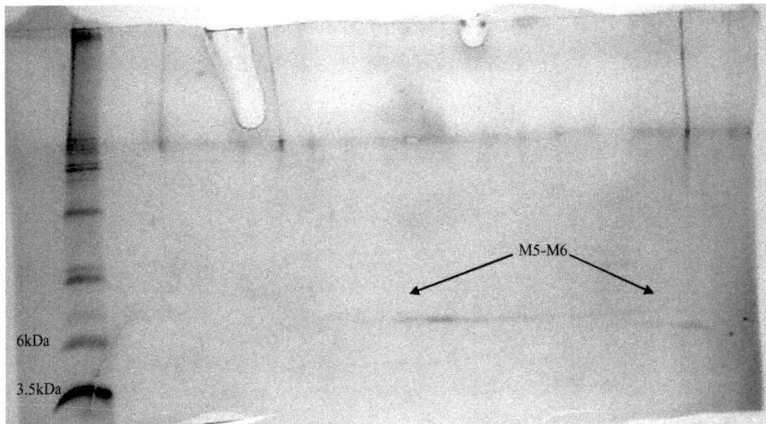

Figure III.23: **Gel Tris-tricine**, coloré à l'**argent**, du pic d'absorption identifié lors de l'élution H.P.L.C de l'échantillon protéolysé de la conformation E_2 de la sous-unité alpha de la H^+,K^+-**ATPase**. Ce pic est le seul identifié contenant effectivement des résidus protéiques sous l'échantillon protéolysé sous la conformation E_2.

Figures

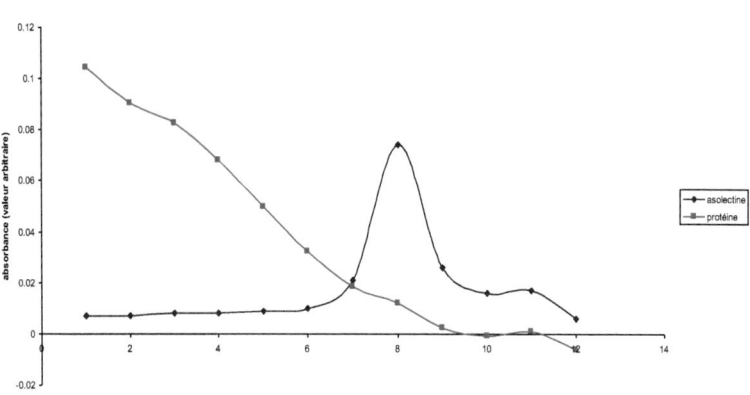

Figure III.24: Dosage colorimétrique du gradient de saccharose contenant le peptide issu de l'échantillon protéolysé E_1, purifié et réinséré au sein de vésicules d'asolectine. Les valeurs d'absorption ont été normalisées afin de rendre la lecture de ce dosage plus aisé. Le dosage des lipides s'est fait à 492 nm à l'aide d'un kit de dosage colorimétrique (voir matériels et méthodes). En ce qui concerne le dosage protéique, celui-ci s'est fait également à une longueur d'ondes égale à 492 nm (voir matériels et méthodes).

Figures

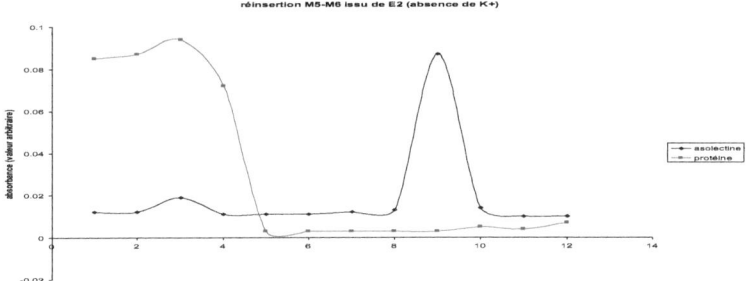

Figure III.25: Dosage colorimétrique du gradient de saccharose obtenu après la tentative d'insertion dans des vésicules d'asolectine de l'échantillon contenant M5-M6 (issus de E_2) effectué en absence de K^+. Les valeurs d'absorption ont été normalisées afin de rendre la lecture de ce dosage plus aisé. Le dosage des lipides s'est fait à 492 nm (voir matériels et méthodes). En ce qui concerne le dosage protéique, celui-ci s'est fait également à une longueur d'ondes égale à 492 nm (voir matériels et méthodes).

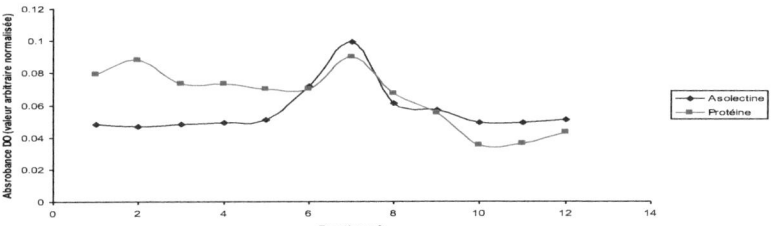

Figure III.26: Dosage colorimétrique du gradient de saccharose obtenu après la tentative d'insertion dans des vésicules d'asolectine de M5-M6 (issus de E_2) effectué en présence de K^+. Les valeurs d'absorption ont été normalisées afin de rendre la lecture de ce dosage plus aisé. Le dosage des lipides s'est fait à 492 nm (voir matériels et méthodes). En ce qui concerne le dosage protéique, celui-ci s'est fait également à une longueur d'ondes égale à 492 nm (voir matériels et méthodes).

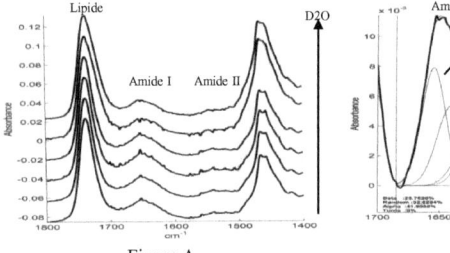

Figure A.

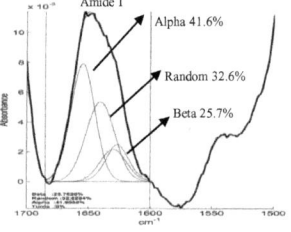

Figure B.

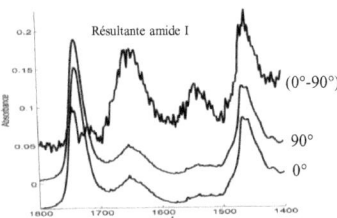

Figure C.

Figure III.27: Figure représentant **les spectres « ATR-IR »** pris sur **l'échantillon réinséré** du peptide représentant les segments trans-membranaires **M5 et M6** issu de la protéolyse de la conformation E_2 de la sous-unité alpha de la **H⁺,K⁺-ATPase**. La réinsertion s'est faite dans des **vésicules d'asolectine** et **présence de K⁺** (voir matériels et méthodes).
La figure A. représente les spectres bruts obtenus (sous vapeur de D2O)
La figure B. représente le spectre décovolué
La figure C. représente le spectre dichroïque (Les spectres pris à 0° ainsi que 90° ne sont pas mis à l 'échelle, présents sur la figure à titre indicatif).

Algorithme	Blosum30	Blosum35	Blosum45	Blosum62	Blosum80
LALIGN	N/A	29.6% / 1026	29.4% / 1027	28.4% / 1022	32.4% / 760
SIM ALIGN	29.4% / 1025	N/A	N/A	29.6% / 847	N/A
LALIGN Global	N/A	28.1% / 1033	27.8% / 1033	27.0% / 1033	28.0% / 1033

Algorithme	PAM40	PAM120	PAM200	PAM250	PAM400
LALIGN	N/A	31.6% / 756	N/A	28.3% / 1014	N/A
SIM ALIGN	41.5% / 260	31.9% / 756	N/A	27.2% / 1011	26.4% / 1011
LALIGN Global	N/A	27.7% / 1033	N/A	26.9% / 1033	N/A

Figure III.28: **Tableau** représentant les **taux d'identités strictes** obtenus lors d'alignements de séquences effectués entre la séquence de la **Ca^{++}-ATPase** (ATAC1_RABBIT/1EUL) et de la **H$^+$,K$^+$-ATPase** (ATHA_PIG) par différents algorithmes. Les valeurs indiquées pour chacun des couples d'algorithmes et de matrices de substitution représentent le taux d'identité obtenu ainsi que le nombre d'acides aminés impliqués dans l'alignement concerné. Les deux types de matrices utilisées sont les matrices de substitution de types **Blosum** ainsi que **PAM**.

Figures

```
H,K-Atpa    1    MGKAENYELY QVELGPGPSG DMAAKMSKKK AGRGGGKRKE KLENMKKEME
Ca-ATPase   1                                                        M

H,K-Atpa    51   INDHQLSVAE LEQKYQTSAT KGLSASLAAE LLLRDGPNAL RPPRGTPEYV
Ca-ATPas    2    EAAHSKSTEE CLAYFGVSET TGLTPDQVKR HLEKYGHNEL PAEEGKSLWE
                 *  *  *   .  ** **.      *  *  **.    .

H,K-Atpa    101  KFARQLAGGL QCLMWVAAAI CLIAFAIQAS EGDLTTDDNL YLALALIAVV
Ca-ATPase   52   LVIEQFEDLL VRILLLAACI SFVLAWFEEG E---ETITAF VEPFVILLIL
                  *   *   .. .** .      *   .        . * *

H,K-Atpa    151  VVTGCFGYYQ EFKSTNIIAS FKNLVPQQAT VIRDGDK--F QINADQLVVG
Ca-ATPase   99   IANAIVGVWQ ERNAENAIEA LKEYEPEMGK VYRADRKSVQ RIKARDIVPG
                   *.*   *. *  *  *.   *   *.   * *     .* .*

H,K-Atpa    199  DLVEMKGGDR VPADIRILQA QGR--KVDNS SLTGESEPQT RSPECTHES-
Ca-ATPase   149  DIVEVAVGDK VPADIRILSI KSTTLRVDQS ILTGESVSVI KHTEPVPDPR
                 *.**. **.  ********   .    .** *  *****   .*  .

H,K-Atpa    246  --PLETRNIA FFSTMCLEGT AQGLVVNTGD RTIIGRIASL ASGVENEKTP
Ca-ATPase   199  AVNQDKKNML FSGTNIAAGK ALGIVATTGV STEIGKIRDQ MAATEQDKTP
                   .*.   *  *   *     *  *.* **   * **.    .  *.***

H,K-Atpa    294  IAIEI----E HFVDIIAGLA ILFGATFFIV AMC--IGYTF LRAMVFFMAI
Ca-ATPase   249  LQQKLDEFGE QLSKVISLIC VAVWLINIGH FNDPVHGGSW IRGAIYYFKI
                 . ..      *   . .     .         *...*     ...  *

H,K-Atpa    338  VVA-YV---P EGLLATVTVC LSLTAKRLAS KNCVVKNLEA VETLGSTSVI
Ca-ATPase   299  AVALAVAAIP EGLPAVITTC LALGTRRMAK KNAIVRSLPS VETLGCTSVI
                 **    * ** .* *.* *  . *.* **.  ** .*. .   ***** ****

H,K-Atpa    384  CSDKTGTLTQ NRMTVSHLWF DNHIHSADTT ED---QSGQT FDQSSET---
Ca-ATPase   349  CSDKTGTLTT NQMSVCKMFI IDKVDGDFCS LNEFSITGST YAPEGEVLKN
                 *********  *  *  *..    .  . .   .    ..

H,K-Atpa    428  --------WR ALCRVLTLCN RAAFKSGQDA VPVPKRIVIG DASETALLKF
Ca-ATPase   399  DKPIRSGQFD GLVELATICA LCNDSSLDFN ETKGVYEKVG EATETALTTL
                          .    *    .    .       .     . *.****

H,K-Atpa    470  SELTLGNAMG YRERFPKVCE IPFNSTN-KF QLSIHTLEDP RD-------
Ca-ATPase   449  VEKMNVFNTE VRNLSKVERA NACNVSIRQL MKKEFTLEFS RDRKSMSVYC
                       *            **  **            ***   **

H,K-Atpa    511  -PRH------ --VLVMKGAP ERVLERCSSI LIKGQELPLD EQWREAFQTA
Ca-ATPase   499  SPAKSSRAAV GNKMFVKGAP EGVIDRCNYV RVGTTRVPMT GPVKEKILSV
                  *          .****.**  *  .**. .     .*.       .    *

H,K-Atpa    552  YLSLGGLGER VLGFCQLYLS EKDYPPG--- -YAFDVEAMN FPTSGLSFAG
Ca-ATPase   549  IKEWGTGRDT LR---CLALA TRDTPPKREE MVLDDSSRFM EYETDLTFVG
                          *    .   * *.   .* *     *   * .     *  .*

H,K-Atpa    598  LVSMIDPPRA TVPDAVLKCR TAGIRVIMVT GDHPITAKAI AASVGIISEG
Ca-ATPase   596  VVGMLDPPRK EVMGSIQLCR DAGIRVIMIT GDNKGTAIAI CRRIGIFGEN
                 .*.****     .   .   *  ********. **     ** .  ** **

H,K-Atpa    648  SETVEDIAAR LRVPVDQVNR KDARACVING MQLKDMDPSE LVEALRTHPE
Ca-ATPase   646  EEVADRAYT- ---------- --------G REFDDLPLAE QREACR--RA
                                                          *   **

H,K-Atpa    698  MVFARTSPQQ KLVIVESCQR LGAIVAVTGD GVNDSPALKK ADIGVAMGIA
Ca-ATPase   674  CCFARVEPSH KSKIVEYLQS YDEITAMTGD GVNDAPALKK AEIGIAMGSG
                   ***  *   **  *  *    * *.*** ****.*****  .**.*** 

H,K-Atpa    748  GSDAAKNAAD MILLDDNFAS IVTGVEQGRL IFDNLKKSIA YTLTKNIPEL
Ca-ATPase   724  -TAVAKTASE MVLADDNFST IVAAVEEGRA IYNNMKQFIR YLISSNVGEV
                   * **     *.*.****. **  ** **  *  .*.  *   *  . * 

H,K-Atpa    798  TPYLIYITVS VPLPLGCITI LFIELCTDIF PSVSLAYEKA ESDIMHLRPR
Ca-ATPase   773  VCIFLTAALG LPEALIPVQL LWVNLVTDGL PATALGFNPP DLDIMDRPPR
                     . .  .   *  *     *. *. *   *  .*    .  .*** ** *

H,K-Atpa    848  NPKRDRLVNE PLAAYSYFQI GAIQSFAGFT DYFTAMAQEG WFP-------
Ca-ATPase   823  SPK-----EP LISGWLFFRY MAIGGYVGAA TVGA----W WFMYAEDGPG
                  **       * *.  *..    .* .**.  * .        ** 

H,K-Atpa    891  ---LLCVGLR PQWENH-HLQ DLQDSYGQEW TFGQRLYQQY TCYTVFFISI
Ca-ATPase   865  VTYHQLTHFM QCTEDHPHFE GLD------- ---CEIFEAP EPMTMALSVL
                    .  *.   *.*   *    **         ...     .  *.

H,K-Atpa    937  EMCQIADVLI RKTRRLSAFQ QGFFRNRILV IAIVFQVCIG CFLCYCPGMP
Ca-ATPase   905  VTIEMCNALN SLSENQSLMR MPPWVNIWLL GSICLSMSLH FLILYVDPLP
                  .  .    .   *.. *     *    .*  .*  *  *    * *  * *

H,K-Atpa    987  NIFNFMPIR- FQWWLVPMPF GLLIFVYDEI RKLGVRCCPG SWWDQELYY
Ca-ATPase   955  MIFKLKALDL TQWLMVLKIS LPVIGL-DEI LKFIARNYLE G
                  **           .  *  .     *. *   * ...
```

Figure III.29: **Alignement** entre la **H+,K+-ATPase** (ATHA_Pig) et la **Ca++-ATPase** (ATAC1_Rabit) (1eul) utilisé lors de la procédure de modélisation des deux conformations étudiées. En rouge sont représentés les segments transmembranaires repositionnés selon nos résultats pour la H^+,K^+-ATPase. En bleu sont représentés les segments transmembranaires présents sur la Ca^{++}-ATPase selon Lee et al., 2002.

P-ATpase	Conformation E_1	Conformation E_2
Ca^{++}-ATPase	~ -22*10³ kJ/Mol	~ -21*10³ kJ/Mol
H^+,K^+-ATPase	~ -41*10³ kJ/Mol	~ -43*10³ kJ/Mol

Figure III.30 : **Tableau** représentant les **énergies résultant de la structure tertiaire**, de la **Ca^{++}-ATPase** et de la **H^+,K^+-ATPase**, en fonction de la conformation hypothétique. Ces valeurs ont été calculées à l'aide de l'algorithme **Gromos 96b** dans des conditions idéales de **vide absolu**.

Figures

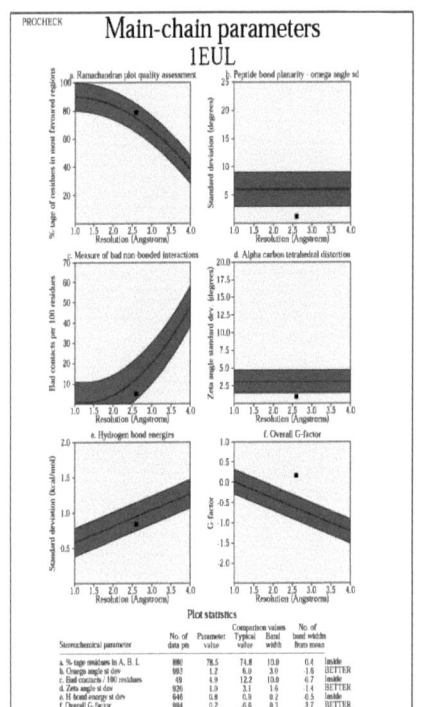
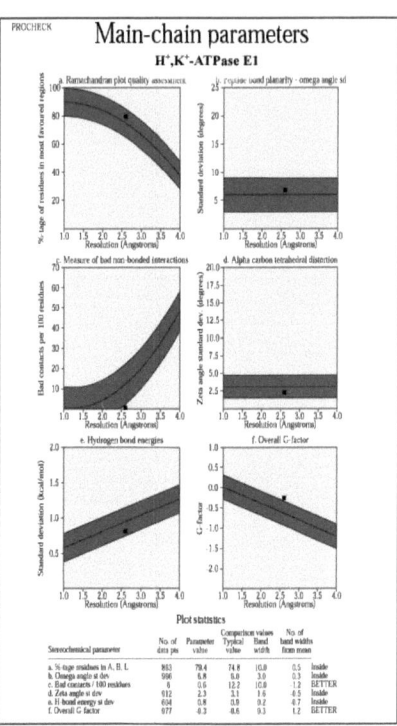

Figure III.31 : valeurs des **paramètres de contrôle** issus de Prochek, utilisé dans la **procédure de validation de structure**, dans le cas de la Ca^{++}-ATPase sous sa conformation E_1 (1EUL).

Figure III.32 : **Tableau** représentant les **valeurs des paramètres de contrôle** issus de Procheck, lors de la procédure de **validation de structure**, dans le cas de la H$^+$,K$^+$-ATPase sous sa conformation E_1.

Figures

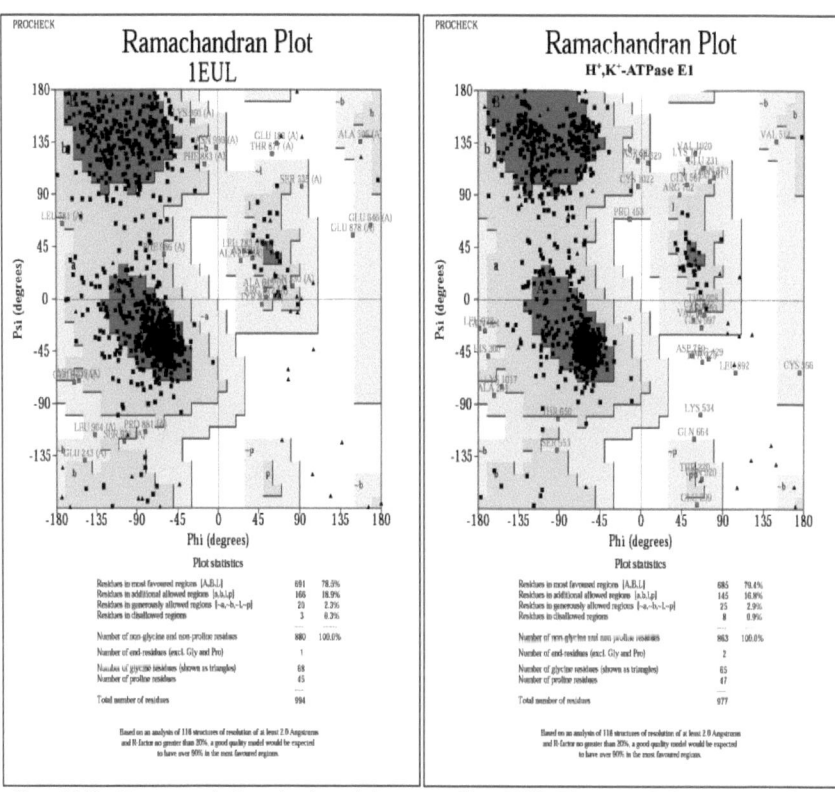

Figure III.33 : **Diagramme de Ramachandran** ainsi que **tableau statistique associé** pour la structure de la Ca^{++}-ATPase sous sa conformation E_1 (1EUL). Diagramme et tableau générés par **Procheck** lors de la procédure de validation de structure.

Figure III.34 : **Diagramme de Ramachandran** ainsi que **tableau statistique associé** pour la structure de la H^+,K^+-ATPase sous sa conformation E_1. Diagramme et tableau générés par **Procheck** lors de la procédure de validation de structure.

119

Figures

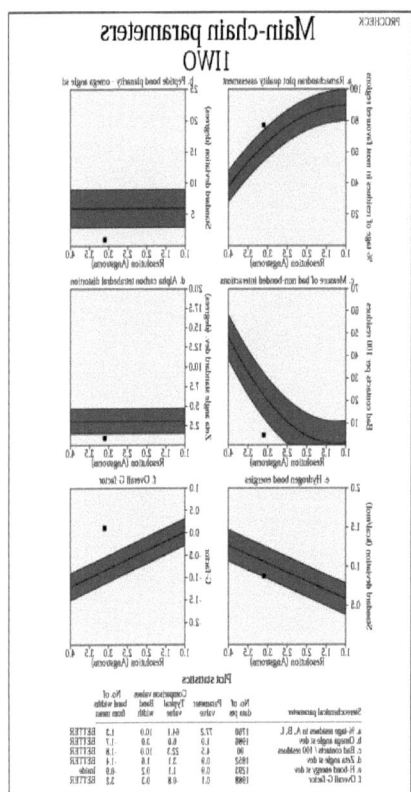

Figure III.35 : **Tableau** représentant les **valeurs des paramètres de contrôle** issues de **Procheck**, lors de la procédure de validation de structure, dans le cas de la Ca^{++}-ATPase sous sa conformation E_2 (1IWO).

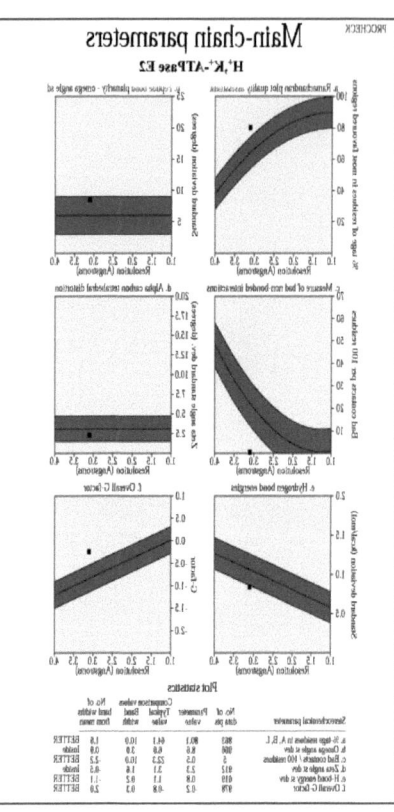

Figure III.36 : **Tableau** représentant les **valeurs des paramètres de contrôle** issues de **Procheck**, lors de la procédure de validation de structure, dans le cas de la H^+,K^+-ATPase sous sa conformation E_2 modèlisée.

Figures

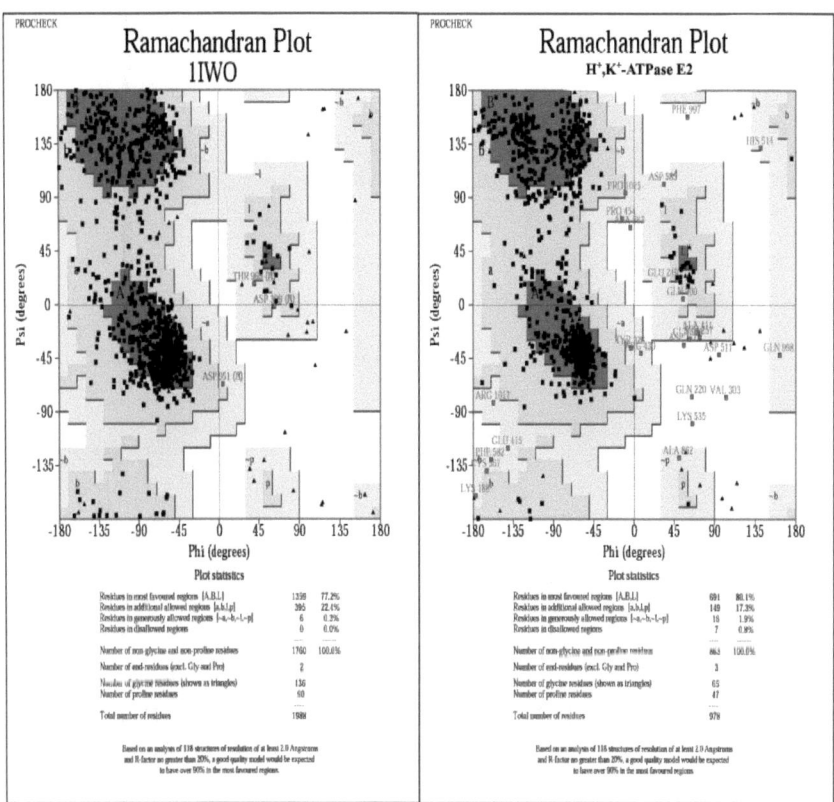

Figure III.37 : **Diagramme de Ramachandran et tableau statistique associé** pour la structure de la Ca^{++}-ATPase sous sa conformation E_2 (1IWO). Diagramme et tableau générés par **Procheck** lors de la procédure de validation de structure.

Figure III.38 : **Diagramme de Ramachandran et tableau statistique associé** pour la structure modèlisée de la H^+,K^+-ATPase sous sa conformation E_2. Diagramme généré par **Procheck** lors de la procédure de validation de structure.

121

Figures

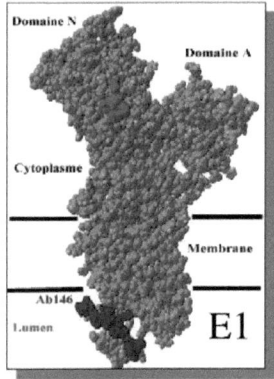 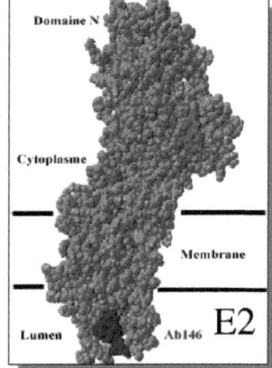

Figure III.39: Position des **épitopes** de contrôle **Ab146** et **HK12.46** sur les **modèles E_1** et **E_2** représentant la sous-unité alpha de la **H^+,K^+-ATPase**. Les structures sont représentées selon la surface atomique. **En rouge** : surface atomique de l'épitope **HK12.46**. **En bleu** : surface atomique de l'épitope **Ab146**. **En gris** : surface atomique des **autres atomes constituant les acides aminés** de la sous-unité alpha de la H^+,K^+-ATPase.

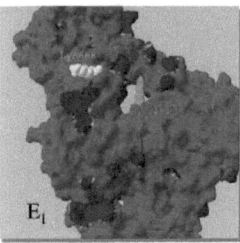 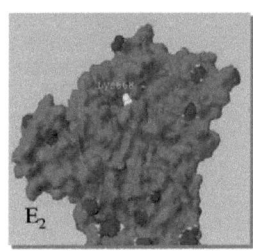 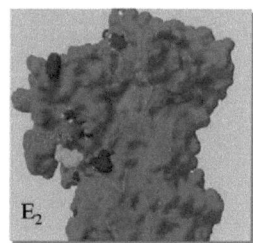

Figure III.40: **Représentation des sites de clivages à la trypsine** identifiés par l'équipe de Helmich de Jong et de Vries (Helmich de Jong et de Vries, 1987 ; Van Uem et al.,1991) et ayant permis la définition des deux intermédiaires principaux de la H^+,K^+-ATPase (E_1 et E_2) au cours de son cycle catalytique. Il s'agit de la **Lys 668** (en jaune sur les figures) ainsi que la **Lys 454** (en vert sur les figures).

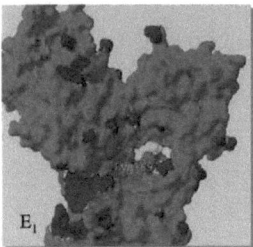 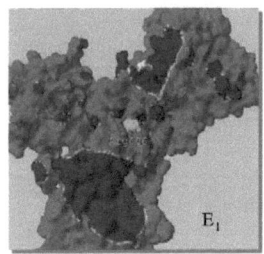 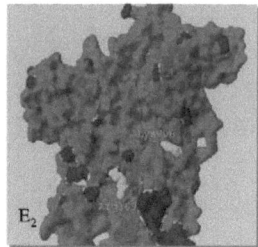

Figure III.41: **Représentation** des **sites de clivages** à la trypsine donnant lieu à la génération du **fragment de 27 kDa** représentant le **domaine N** sur nos modèles représentant les deux conformations prinipales E_1 et E_2 de la H^+,K^+-ATPase. Ces sites sont respectivement l'**Arg369** et la **Lys606** et sont représentés sous forme de leur surface atomique colorée en **bleu clair**. La large boucle cytoplasmique est représentée sous forme de sa surface électrostatique. Ces figures ont été obtenues à l'aide de l'interface de modélisation **DeepView 3.7**. Nous pouvons **remarquer** sur celles-ci la **position périphérique** de ces sites et ceci qu'elle que soit la **conformation adoptée** par la large boucle cytoplasmique.

Figures

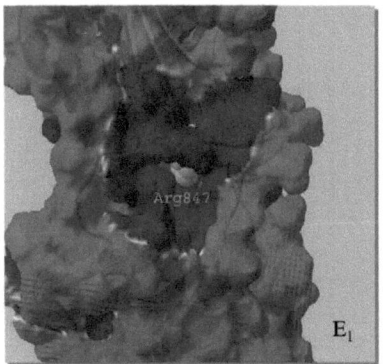
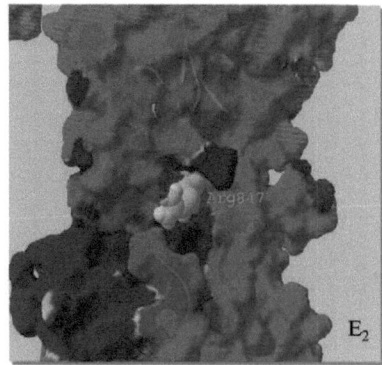

Figure III.42: Représentation du **site de clivage** donnant lieu à la génération du fragment « **protéase résistant** » de **20 kDa**, sur les **deux modèles** représentant les deux intermédiaires principaux de la H$^+$,K$^+$-ATPase. Il s'agit de l'Arg847 qui est représenté sous forme de sa surface atomique et colorée en orange. Ces figures ont été obtenues sous l'interface de modélisation Deep-View 3.7.

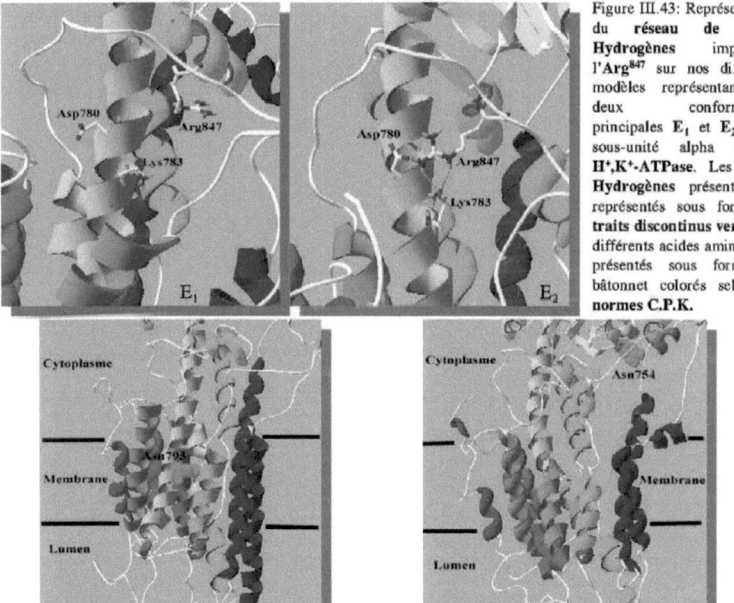

Figure III.43: Représentation du **réseau de ponts Hydrogènes** impliquant l'**Arg^{847}** sur nos différents modèles représentants les deux conformations principales E$_1$ et E$_2$ de la sous-unité alpha de la **H$^+$,K$^+$-ATPase**. Les ponts Hydrogènes présents sont représentés sous forme de **traits discontinus verts**. Les différents acides aminés sont présentés sous forme de bâtonnet colorés selon les normes **C.P.K.**

Figure III.44 : **Représentation des sites N-terminaux** des peptides isolés, lors des **trypsinolyses**, sur les différentes conformations (E$_1$ et E$_2$), représentants les **segments trans-membranaires M5 et M6**. Ceux-ci sont représentés à l'aide de leur surface atomique **colorée** en **vert**. Dans le cas de la conformation E$_1$ il s'agit de L'**Asn^{793}**. Dans le cas de la conformation E$_2$ il s'agit de L'**Asn^{784}**. Ces figures ont été obtenues sous l'interface de modélisation **DeepView 3.7**. La zone membranaire est définie sur base de notre étude topologique d'insertion membranaire.

Figures

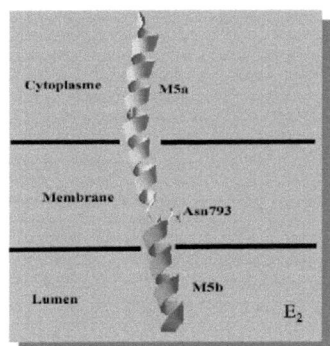 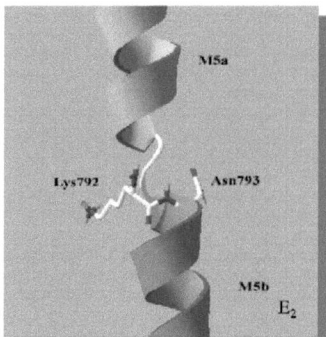

Figure III.45: **Représentation** de la **discontinuité** modélisée de la **structure secondaire du segment trans-membranaire M5** de la sous-unité alpha de la **H⁺,K⁺-ATPase**, en conformation E_2. (Position de la membrane à titre indicatif, afin de permettre uniquement l'orientation de la représentation.)

Figures

ATPase	M4	M5	M6	Helix Capping type
H$^+$-ATPase séquence Helix Cap Motif	IIGVPVGL None	VYRIALSI None	IFADVA None	None
Ca^{++}-ATPase séquence Helix Cap Motif	VAAIPEGL hxxxPpxh	RYLISSNV None	LVTDGL hxpxGh	M4: N-Cap VIIa M6: C-Cap Schelmann
H$^+$,K$^+$-ATPase séquence Helix Cap Motif	VAYVPEGL hxxxPpxh	AYTLTKNI hxpxnxph	LCTDIF hxpxhh	M4: N-Cap VIIa M5: C-Cap Vb M6: C-Cap Non Schelmann
Na$^+$,K$^+$-ATPase séquence Helix Cap Motif	VANVPEGL hxxxPpxh	VYTLTSNI hxpxnxph	LGTDMV hxpxhh	M4: N-Cap VIIa M5: C-Cap Vb M6: C-Cap Non Schelmann

Figure III.46: **Tableau** représentant les **possibles motifs de rupture**, de la **structure hélicoïdale**, situés dans les **segments trans-membranaires** susceptibles d'intervenir dans le transport ionique. Les motifs sont indiqués comme suit : **h** résidu hydrophobe, **p** résidu polaire, **P** Proline, **G** Glycine, **x** sans préférence. Le type de motif est basé sur l'article de **Aurora et al.,1998**.

Figures

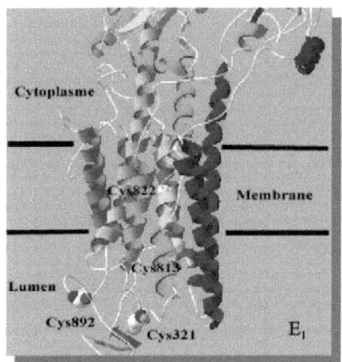 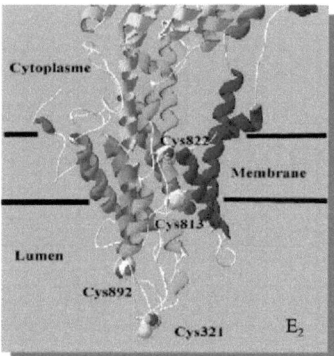

Figure III.47: **Position des Cystéines** fixant l'omeprazole sur les modéles représentant la sous-unité alpha de la **H+,K+-ATPase** sous ces deux conformations prinicpales (E_1 et E_2). Ces figures ont été obtenues sous l'interface de modélisation **DeepView 3.7**. La structure secondaire associée à celle-ci est représentée sous forme de ruban. Les Cystéines sont repésentées sous forme de leur surface atomique et colorées selon les normes C.P.K (blanc pour Carbone, rouge pour Oxygène, bleu foncé pour Azote, bleu clair pour Hydrogéne, et jaune pour hétéro atome tel que Soufre).

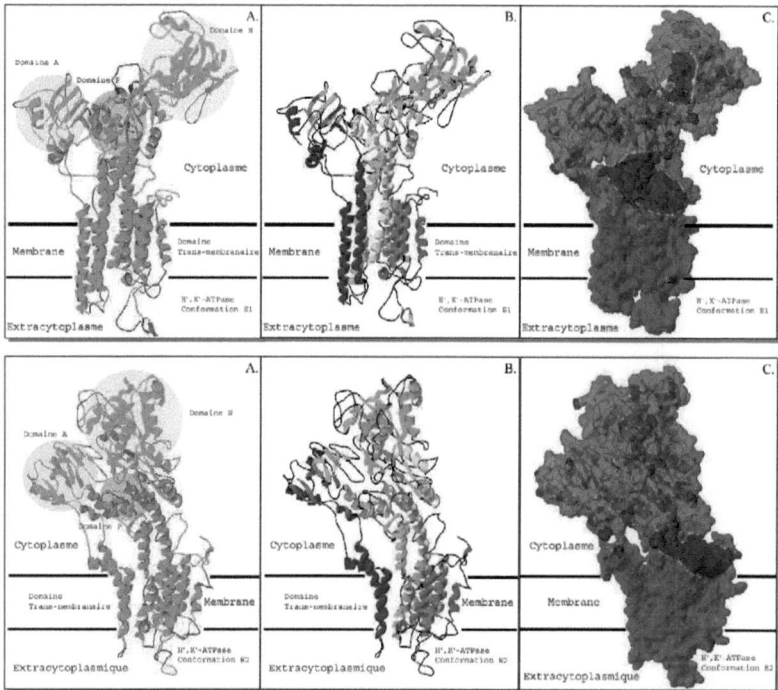

Figure III.48: **représentation des modèles** représentant la sous-unité alpha de la **H+,K+-ATPase** sous ces deux conformations principales E_1 et E_2. Ces figures ont été obtenues sous l'inteface de modélistion **DeepView 3.7** selon notre procédure de modélisation **basée sur notre étude topologique membranaire**. La zone de **la membrane** a été définie sur **base de notre étude topologique** et en accord avec celle définie par Lee et al. (**Lee etal.,2002**) sur base des structures cristallines de la **Ca++-ATPase 1EUL et 1IWO** obtenues par l'équipe de Toyoshima (**Toyoshima et al.,2000;2002**).
La série **A.** représente **la structure secondaire**, présente sous les différentes conformations, de la sous-unité alpha de la H+,K+-ATPase sous **forme de ruban**. En vert sont représentés les **élèments de structures secondaires identiques** à ceux retrouvés sur la Ca++-ATPase. En **rouge** sont représentés les **élèments de structures secondaires remodèlisés** sur base de la banque de données de boucle disponible sous l'interface de modèlisation Deep-View 3.7.
La série B représente **la structure secondaire colorée** de manière identique à celle utilisée sur la Ca++-ATPase et permettant de différencier les paires de segments trans-membranaires.
La série **C.** représente **les structres associées** à leur **surface élèctrostatique** et par **transparence** également les élèments de **structures secondaires associés** et présentés sur les figures de la série A.

Figures

Ca++-ATPase E1 Structure 1Eul Site I (Ca++)	H+,K+-ATPase Alignement séquentiel Site I	H+,K+-ATPase Modèle E1 Site I (H3O+)	H+,K+-ATPase Modèle E2 site I (K+)
Asn768 (M5)	Asn793 (M5)	Asn793 (M5)	Glu821 (M6)
Glu771 (M5)	Glu796 (M5)	Glu796 (M5)	Thr824 (M6)
Thr799 (M6)	Thr824 (M6)	Thr824 (M6)	Asp825 (M6)
Asp800 (M6)	Asp825 (M6)	Asp825 (M6)	Glu937 (M8)
Glu908 (M8)	Gln940 (M8)	Gln940 (M8)	Gln940 (M8)
		H2O 1	H2O 1
Site II (Ca++)	Site II	Site II (H3O+)	Site II (K+)
Val304 (M4)	Val342 (M4)		Val342 (M4)
Ala305 (M4)	N/A	H2O 2	Glu344 (M4)
Ile307 (M4)	N/A	H2O 3	Asn793 (M5)
Glu309 (M4)	Glu344 (M4)	Glu796 (M5)	Glu796 (M5)
Asn796 (M6)	Glu821 (M6)	Glu821 (M6)	Glu821 (M6)
Asp800 (M6)	Asp825 (M6)	Asp825 (M6)	H2O 2

Figure III.49 : **Tableau** contenant les **résidus impliqués** dans l'établissement des **sites de fixations ioniques** dans le cas de la **Ca^{++}-ATPase**, sous sa conformation E_1 (1eul), et la **H$^+$,K$^+$-ATPase** sous ses deux conformations principales modèlisées E_1 et E_2. La colonne intitulée « **Alignement séquentiel** », montre les acides aminés alignés sur l'alignement de séquence utilisé dans la procédure de modélisation. Les colonnes intitulées « **Modèle** » représentent les résidus identifiés lors de la procédure « **C.B.V.S** » sur nos structures modélisées. Les segments trans-membranaires dont sont issus les différents résidus sont colorés selon les couleurs utilisées sous **DeepView** dans toutes les représentations présentées jusqu'ici. Sur ce tableau apparaissent également les molécules d'eau (**H2O**) présentes et indispensables à l'établissement des sites de fixations ioniques sous les structures issues de la **H$^+$,K$^+$-ATPase**.

Sites de Fixations présents sous conformation E1			
	Valeur CVBS	"Valence"	"Valence"
Site I	Ca++	Na+	K+
4 coordinant	0,81	0,52	1,26
6 coordinant	0,95	0,61	1,48
Site II	Ca++	Na+	K+
4 coordinant	1,13	0,72	1,75
6 coordinant	1,26	0,80	1,95
Sites de Fixations présents sous conformation E2			
	Valeur CVBS	"Valence"	"Valence"
Site I	Ca++	Na+	K+
6 coordinant	0,77	0,49	1,20
Site II	Ca++	Na+	K+
6 coordinant	0,71	0,45	1,10

Figure III.50: **Tableau** regroupant la **valeur du coefficient** « **C.V.B.S.** » calculé selon la procédure décrite par **Müller et al.** (2003) pour les différents **sites de fixations identifiés** sur nos modèles de la sous-unité alpha de la **H^+,K^+-ATPase**. Les colonnes nommées « **Valence** » représentent la valeur du « **lien de valence** » porté par la **molécule d'eau** situé dans le site concerné **pour une substitution** par **l'ion concerné**. Le « **lien de valence** » a été calculé selon la procédure de **Nayal et al.** (1996).

Figure III.51: **Représentation** des **sites de fixations ioniques** identifiés sur la structure 1eul de la Ca^{++}-ATPase en **conformation E$_1$** (figure A) ainsi que sur le modèle représentant la conformation E$_1$ de la sous-unité alpha de la H$^+$,K$^+$-ATPase pour les deux types de coordination envisageables (figure B et C). Les acides aminés impliqués dans l'établissement des sites de fixation, sont colorés selon le segment trans-memranaire dont ils sont issus. La comparaison de ces structures permet de remarquer la perte des interactions provenant du segment M4 de la structure de la H$^+$,K$^+$-ATPase. Afin de faciliter la vue, les segments trans-membranaires ne participant pas à l'établissement des sites de fixations ioniques ont été oblitérés de ces figures.

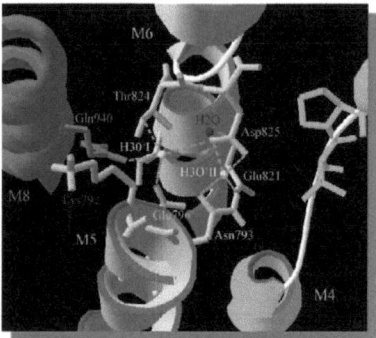

Figure III.51 B : **Structure et positionnement** des liens formés par les **acides aminés** impliqués dans l'établissement **des sites de fixations** de la H$^+$,K$^+$-ATPase sous sa conformation E$_1$ et les molécules de H$_3$O$^+$ (type de coordination **tetraédrique**). Les sphères jaunes représentent les molécules d'H$_3$O$^+$. La sphère bleue représente une molécule d'H$_2$O.

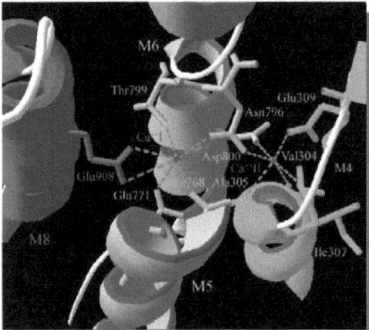

Figure III.51 A : **Structure et positionnement** des **liens** formés par les **acides aminés** impliqués dans l'établissement **des sites de fixation** de la **Ca++-ATPase** et les deux ions Ca^{++} (Toyoshima et al.2000). Les sphères mauves représentent les ions Ca^{++}. Nous pouvons remarquer l'implication du **Glu307** issu de **M4** dans le cas de la Ca^{++}-ATPase.

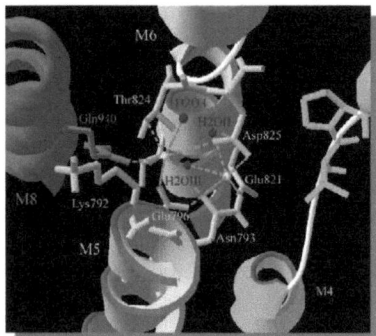

Figure III.51 C : **Structure et positionnement** des liens formés par les **acides aminés** impliqués dans l'établissement **des sites de fixations** de la H$^+$,K$^+$-ATPase sous sa conformation E$_1$ et les molécules de H$_3$O$^+$ (type de coordination **octaédrique**). Les sphères jaunes représentent les molécules d'H$_3$O$^+$. Les sphères bleues représentent les molécules d'H$_2$O présentes dans le sites de fixations ioniques.

Figures

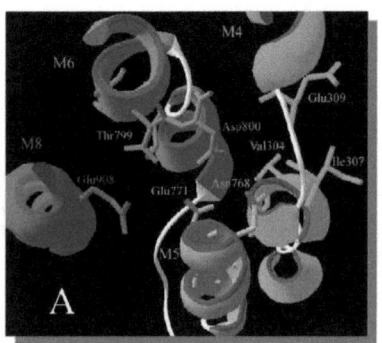
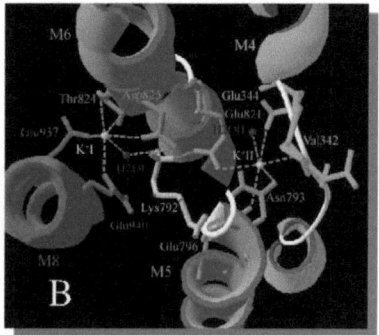

Figure III.52: **Représentation** des liens, formés entre les acides aminés des **sites de fixations** et les ions transportés, présents sur les conformation E_2 de la **Ca++-ATPase** (figure A) ainsi que de la **H+,K+-ATPase** (figure B). La comparaison de ces deux structures permet de voir l'**orientation différente** du segment **M4** sur la H+,K+-ATPase. Celle-ci lui permet d'établir, à l'aide du **Glu344**, un **lien de coordination** avec l'ion tranporté (**K+II**). Ceci permet d'**augmenter la stabilité membranaire** de ce segment dans cette conformation. Nous pouvons également remarquer, sur cette figure, la position particulière de la **Lys792**. Celle-ci issue de M5 peut faire **deux ponts H** avec respectivement l'**Asp825** et le **Glu821** issus de M6. L'**augmentation de stabilité membranaire** de M5, observée lors de nos trypsinolyse de cette conformation, trouve sont explication ici. Le sphéres jaunes représentes les ions K+. Les sphéres bleues représentent les molécules d'H_2O participant à l'établissement des sites de fixations ioniques. Pour simplifier la vue, les segments trans-membranaires ne participant pas à l'établissement des sites de fixations ioniques ont été oblitérés sur ces figures.

Figures

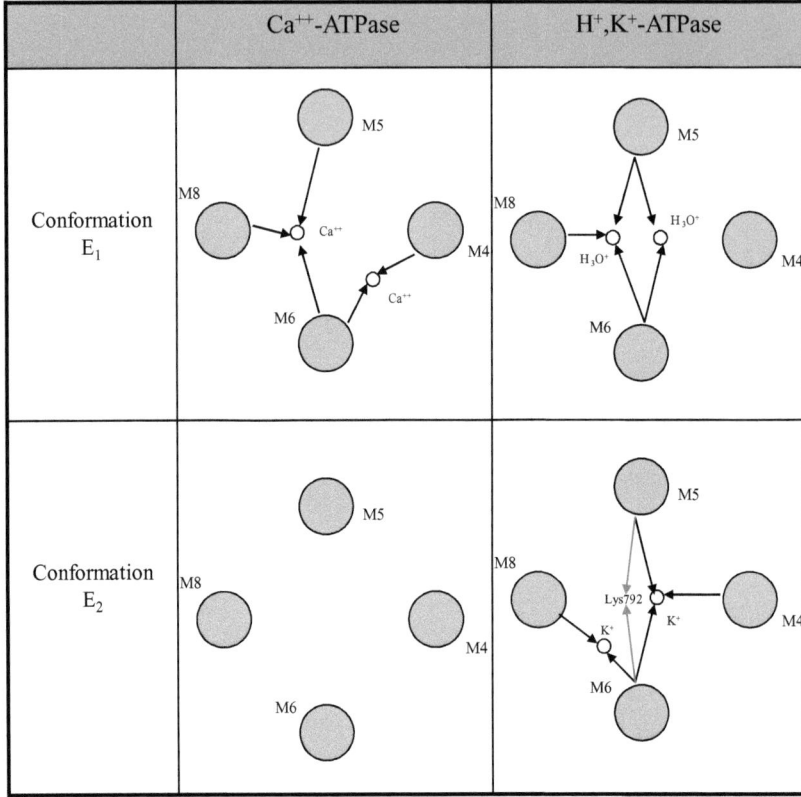

Figure III.53: **Représentation** des interactions, entre segments trans-membranaires, dues à la fixation ionique membranaire pour la Ca^{++}-ATPase ainsi que la H$^+$,K$^+$-ATPase sous leurs deux conformations principales. Cette figure représente **la cohésion membranaire attendue**, ainsi que ces modifications, résultant de la présence ou non d'ions en zone membranaire. Les flèches représentent les interactions existantes entre les ions et les acides aminés des segments trans-membranaires concernés. Cette représentation se base pour la Ca^{++}-ATPase sur les structures cristallines 1EUL et 1IWO (Toyoshima et al.,2000;2002) et pour la H$^+$,K$^+$-ATPase sur nos modèles tridimensionnels de la sous-unité alpha sous ces deux conformations principales. Sur la figure représentant le conformation E$_2$ de la H$^+$,K$^+$-ATPase, nous pouvons également remarquer la position priviliègée de la Lys792 établissant un pont salin avec M6.

I want morebooks!

Buy your books fast and straightforward online - at one of the world's fastest growing online book stores! Environmentally sound due to Print-on-Demand technologies.

Buy your books online at
www.get-morebooks.com

Achetez vos livres en ligne, vite et bien, sur l'une des librairies en ligne les plus performantes au monde!
En protégeant nos ressources et notre environnement grâce à l'impression à la demande.

La librairie en ligne pour acheter plus vite
www.morebooks.fr

OmniScriptum Marketing DEU GmbH
Heinrich-Böcking-Str. 6-8
D - 66121 Saarbrücken Telefax: +49 681 93 81 567-9

info@omniscriptum.de
www.omniscriptum.de

Printed by Books on Demand GmbH, Norderstedt / Germany